田中章詞
AKINORI TANAKA

富谷昭夫
AKIO TOMIYA

橋本幸士
KOJI HASHIMOTO

ディープ ラーニングと 物理学

原理がわかる、応用ができる

DEEP LEARNING AND PHYSICS

講談社

序文

　物理を志す者にとって、近年大きな発展を遂げているディープラーニング、とは何でしょうか。物理学とは全くの別物でしょうか。それとも、実は非常に似ているのでしょうか。

　近年、ディープラーニングを含む機械学習が物理学の様々な研究で使われ始めています。それは、なぜなのでしょうか。そして、物理学を知っていることは、機械学習で役に立つのでしょうか。逆に、機械学習を知っていることは、物理学で役に立つのでしょうか。

　本書を、このような疑問に答えるために執筆しました。物理学の非常に基礎的な考え方を用いると、ニューラルネットワークが「自然に」導かれます。そしてその概念を物理学の言葉を通して学ぶことができます。

　じつは、機械学習の礎は物理的な概念に起因していると考えることができます。物理系を特徴付けるハミルトニアンが、様々な機械学習の構造を特徴づけています。また、ハミルトニアンによる統計物理が、ニューラルネットワークによる学習を決めているのです。さらに、学習と汎化により逆問題を解くという行為そのものが物理学の進展に本質的に関係しているという言い方もできます。こういった理由から、近年の機械学習と物理の横断領域の研究が飛躍的に進展しているのです。

　本書は、深層学習・機械学習と物理学との関係を知りたい、学びたい、応用したい、という方に向けて、執筆されています[1]。物理で最も重要な概

---

[1]……一般の機械学習の教科書を「物理使い」が読むと、様々な概念が天下り的に導入されることに違和感を覚えることもあるでしょう。本書はそのようなギャップに動機づけられて執筆されています。一方

念であるエネルギー、すなわちハミルトニアン、を学んでいれば、読み進めることができるようになっています★2。特に用いられるのは、統計力学の考え方や、量子力学のブラケット記法、などですが、これらについてはコラムなどで説明がなされます。

　また、本書は2部構成とし、第Ⅰ部は「物理学の観点から機械学習の方法を理解すること」、次に第Ⅱ部では「物理学の諸問題と機械学習の方法の関連を見いだすこと」を目的としています。すなわち、第Ⅰ部は教科書として執筆されていますが、第Ⅱ部は教科書的ではなく発展トピックとなります（特に第Ⅱ部の各章はほぼ独立して読むことができます）。それぞれの部の最初に読者ガイドをつけましたので、参考にしてください。

　物理学者、内山龍雄は著書『相対性理論』の序文で「もし本書を読んでも、これが理解できないようなら、もはや相対性理論を学ぶことはあきらめるべきであろう」と述べています [1]。一方、本書の対象である「機械学習 × 物理」の分野は、相対性理論のように長い歴史の中で確立された学問ではなく、現在も大きく進展中の学問分野です。そのため、むしろ、我々のメッセージは次のようになります。「もし本書を読んでも、理解できない部分があるならば、それはこれからの発展の芽となるものであろう」

　我々のお気に入りに、素粒子物理学者 S. ワインバーグの言葉 [2] があります。

　"My advice is to go for the messes—that's where the action is."
　「混沌としている研究分野へ進め。その中にワクワクするものがある」

これから道を作るのは読者の皆さんです。本書が学習と研究の一助となれば、嬉しく思います。

　2019 年 3 月吉日

田中章詞・富谷昭夫・橋本幸士

　　　で、コードによる実装はライブラリ依存であるため、本書では取り扱いません。適宜、補って好きなライブラリで実装してみてください。

★2……物理の基礎を学びつつある読者、とくに理学部の物理学科であれば 2～3 年生以上、を想定しています。ハミルトニアンを元にして解説しますが、解析力学を学んでいる必要はありません。

執筆者一覧

近影

橋本幸士 (写真左)

理学博士
大阪大学
大学院理学研究科
教授

田中章詞 (写真中央)

博士（理学）
理化学研究所
特別研究員
（革新知能統合研究センター／
数理創造プログラム）

富谷昭夫 (写真右)

博士（理学）
理化学研究所
基礎科学特別研究員
（理研 BNL 研究センター
計算物理研究グループ）

目 次

序文 ……………… **iii**
執筆者一覧 ………… **v**

第1章／ はじめに：機械学習と物理学 　　　　　**1**

1.1　情報理論ことはじめ ………………………………… **2**
1.2　物理学と情報理論 ………………………………… **4**
1.3　機械学習と情報理論 ………………………………… **7**
1.4　機械学習と物理学 ………………………………… **10**

《第Ⅰ部 物理から見るディープラーニングの原理》

17

第2章／ 機械学習の一般論 　　　　　**21**

2.1　機械学習の目的 ………………………………… **21**
2.2　機械学習とオッカムの剃刀 ………………………… **27**
2.3　確率的勾配降下法 ………………………………… **32**

COLUMN　確率論と情報理論 　　　　　**35**

第3章／ ニューラルネットワークの基礎 　　　　　**46**

3.1　誤差関数とその統計力学的理解 …………………… **46**

目次　　vii

3.2　ブラケット記法による誤差逆伝播法の導出………… **62**

3.3　ニューラルネットワークの万能近似定理…………… **66**

COLUMN　**統計力学と量子力学**　　**71**

第4章／発展的なニューラルネットワーク　　**75**

4.1　畳み込みニューラルネットワーク …………………… **75**

4.2　再帰的ニューラルネットワークと誤差逆伝播　…… **81**

4.3　LSTM ……………………………………………………… **87**

COLUMN　**カオスの縁と計算可能性の創発**　　**93**

第5章／サンプリングの必要性と原理　　**100**

5.1　中心極限定理と機械学習における役割……………… **102**

5.2　様々なサンプリング法 ………………………………… **109**

5.3　詳細釣り合いを満たすサンプリング法……………… **126**

COLUMN　**イジング模型からホップフィールド模型へ**　　**131**

第6章／教師なし深層学習　　**136**

6.1　教師なし学習…………………………………………… **136**

6.2　ボルツマンマシン……………………………………… **137**

6.3　敵対的生成ネットワーク ……………………………… **144**

6.4　生成モデルの汎化について …………………………… **160**

| COLUMN 自己学習モンテカルロ法 | 167 |

《第 II 部 物理学への応用と展開》

171

第7章／物理学における逆問題　174

7.1　逆問題と学習 ……………………………………… 175
7.2　逆問題における正則化 …………………………… 178
7.3　逆問題と物理学的機械学習 ……………………… 182

| COLUMN スパースモデリング | 185 |

第8章／相転移をディープラーニングで見いだせるか　189

8.1　相転移とは ………………………………………… 189
8.2　ニューラルネットワークを使った相転移検出 ……… 191
8.3　ニューラルネットワークは何を見ているのか ……… 195

第9章／力学系とニューラルネットワーク　198

9.1　微分方程式とニューラルネットワーク …………… 199
9.2　ハミルトン力学系の表示 ………………………… 203

第10章／スピングラスとニューラルネットワーク　210

10.1　ホップフィールド模型とスピングラス ………… 211

| 10.2 | 記憶とアトラクター | 215 |
| 10.3 | 同期と階層化 | 218 |

第11章／量子多体系、テンソルネットワークと ニューラルネットワーク　222

| 11.1 | 波動関数をニューラルネットで | 223 |
| 11.2 | テンソルネットワークとニューラルネットワーク | 226 |

第12章／超弦理論への応用　232

12.1	超弦理論における逆問題	233
12.2	曲がった時空はニューラルネットワーク	238
12.3	ニューラルネットで創発する時空	245
12.4	QCDから創発する時空	251

COLUMN ブラックホールと情報　257

第13章／おわりに　261

ニューラルネットワークと物理そして技術革新
——富谷昭夫 261
知性はなぜ存在するのか
——田中章詞 263
物理法則はなぜ存在するのか
——橋本幸士 264

謝辞　266
参考文献　267
索引　283

第 1 章

はじめに：機械学習と物理学

　機械学習と物理学の間に、どんな関係があるのでしょうか。本書でそのことを詳しく見ていくのですが、まずは「なぜ、機械学習と物理学が関係しうるか」を体感するところから始めましょう。物理学と機械学習の間をつなげてくれる大きな概念体系があります。それは「情報」です。

　物理学と情報理論は、古くから関わりを持ち、また、現在もその関係は広く深く発展しています。また、機械学習と情報理論は一心同体であると言えます。学習とは、情報の受け渡しや情報の関係性を再現したり、また自発的に見いだすことです。したがって、機械学習や深層学習において、情報量を自在に操る情報理論を用いる必然性があり、結果として機械学習は情報理論の体系と密接に関係するのです。

　これらのことから想像されるに、「情報」を中間の媒体として、機械学習と物理学は、何らかの大きな関係があるはずです。本書の目標の一つは、この太い相関を明らかにすることなのです。**図 1.1** に、その概念図を示します。

　この章では、本書の柱となる概念である物理学と情報理論そして機械学習の関係について考えてみます。本書のタイトルである「ディープラーニング」と「物理学」がどのように関係するのか、説明していきましょう。

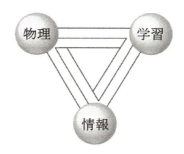

図 1.1 物理学、機械学習、そして情報。これらは三角形をなすのでしょうか。

1.1 情報理論ことはじめ

情報量 この章では情報理論を橋渡しとして、物理学と機械学習の間の関係を探ります。そのためには「情報」をきちんと定義する必要があるでしょう。そもそも「情報」とは何なのでしょうか。まず以下の二つの文を読んでみてください [3]：

- 人間がゴリラに足し算を教えた　　　　　　　　(1.1.1)
- ゴリラが人間に足し算を教えた　　　　　　　　(1.1.2)

この二つの文のどちらのほうが多くの**情報量**を持っていると言えそうでしょうか。(1.1.1) はゴリラが理解していようがしていまいが関係なく、十分ありうるため、本当だとしてもそれほど驚かないでしょう。実際にそのようなニュースを聞いたことがあるかもしれません。一方で (1.1.2) が本当ならば、かなり驚くでしょう。そしてその後、「足し算を人間に教えられるゴリラも存在しうる」と自分の中での認識を改めることになります。これは、情報量が増えていると言えるのではないでしょうか。つまり

$$情報量 = 驚きの大きさ \tag{1.1.3}$$

のような等号を思わせます [4]。とりあえずこの方針で先に進みましょう。驚きが大きいということは、その事象が起こりづらいということでしょう。これに加え、「情報は足し算で増える」ようにしようとすると、事象が起こる確率を $P(事象)$ として、

$$事象 A の情報量 = -\log P(事象 A) \tag{1.1.4}$$

とするのがよいでしょう[★1]。確率が低い ⇔ 情報量が大きい、というわけです。

┃ 平均情報量 ┃ ここでさらに、様々な事象 $A_1, A_2, \ldots, A_W$ がそれぞれ確率 $p_1, p_2, \ldots, p_W$ で起こるとしましょう。このとき、各事象の情報量は $-\log p_i$ になりますが、さらにその期待値

$$S_{情報} = -\sum_{i=1}^{W} p_i \log p_i \tag{1.1.5}$$

を**平均情報量**、または**情報エントロピー**と呼びます[★2]。情報エントロピーが何を表現しているのかを具体例から探ってみましょう。例えば、W 個の箱があるとして、確率 p_i は i 番目の箱に宝が入っている確率としてみます。このとき当然、どの箱に宝が入っているかをなるべく正確に予想したいわけですが、予想のしやすさは p_i の値によって変わります。例えば

[★1]……本書では、多くの物理学の教科書と同じく、対数の底を自然対数 $e = 2.718\cdots$ ととることにします。

[★2]……この量は情報の文脈では通信の数学についてのシャノン (C. Shannon) による記念碑的論文 [5] にて初めて導入されました。彼がこの量をエントロピーと呼んでくれたおかげで、物理学徒のみなさんは、すんなりとこの概念を理解できるわけです。ありがたいことです。

$$p_i = \begin{cases} 1 & (i = 1) \\ 0 & (\text{それ以外}) \end{cases} \qquad S_{情報} = 0 \qquad (1.1.6)$$

であることを知っている場合、常に一番目の箱に宝が入っているわけだから、予想は簡単です。このときの情報エントロピーの値はゼロになります。一方で、確率が完全にランダムな場合

$$p_i = \frac{1}{W} \quad S_{情報} = \log W \qquad (1.1.7)$$

このとき、確率を知っていたとしても、どの箱に入っているかわからないため、予想は困難です。また、情報エントロピーは $\log W$ と大きな値をとります。つまり、予想が困難なほど情報エントロピーは大きいわけです。したがって、世間一般に言う「**情報**」との関係は以下のようになるでしょう：

$$\bullet \begin{cases} \text{「情報」が少ない} & \Leftrightarrow \text{予想が困難} & \Leftrightarrow \text{情報エントロピーが大きい} \\ \text{「情報」が多い} & \Leftrightarrow \text{予想が容易} & \Leftrightarrow \text{情報エントロピーが小さい} \end{cases}$$
$$(1.1.8)$$

ここで言う「情報」は既に持っている情報であり、情報量 (1.1.4) は事象から得られる情報ということになります。

1.2 物理学と情報理論

　物理学において重要な概念は数多くありますが、そのうちで最も重要なものの一つはエントロピーである、ということに反対する物理学者はいないでしょう。ご存知の通りエントロピーは熱力学の発展に欠かせない概念であり、統計力学では微視的な状態の数 W を用いて $S = k_{\mathrm{B}} \log W$ と表されます。比例係数 k_{B} はボルツマン定数であり、適当な温度の単位系を

とると 1 にしてよいでしょう。この場合の系のエントロピーは

$$S = \log W \tag{1.2.1}$$

となります。物理学においては、もっぱらこのエントロピーを介して情報理論との関係が見え隠れします。というのも、(1.1.7) の $S_{情報}$ がまさしく (1.2.1) と同じ式になっているからです。このようにして、熱力学や統計力学のように多自由度を扱う物理系における様々な議論は、それと対になる情報理論的解釈が存在することになります。

　ところで、現代物理学（例えば素粒子物理学や物性物理学）における最新の研究での興味の対象は、ほとんどの場合、多自由度系です。このことは、現代物理学の研究の最前線においても、情報理論が重要な働きを演ずることを示唆しています。ここでは二つの最新研究をご紹介しましょう。

ブラックホール情報喪失問題

ベケンシュタイン (J. Bekenstein) とホーキング (S. Hawking) の研究 [6,7] によって、ブラックホールはエントロピーを持ち、かつその質量を熱として外界に放射する性質があることが理論的に示されました。例えばここにバネがあるとして、それを適当に伸ばした状態で固定しておきます。これをブラックホールに投げ込んだとすると、ブラックホールはいったん、溜め込まれたエネルギーの分だけ大きくなり、その後、前述の熱放射でそのエネルギーを熱として放出するでしょう。しかし、ここに問題があるのです。投げ込む前のエネルギーからは自由に仕事を取り出せますが、熱力学第二法則によると熱放射からは取り出せるエネルギー効率に限界があります。別の言い方をすると、投げ込む前は状態が一つしかない（つまりエントロピーがゼロ）としても、熱放射後はそのランダムさの分エントロピーが増えてしまいます。エントロピーが増えるということは、その分「情報」が失われたということになります（(1.1.8) 参照）。これを情報喪失問題といい、いまだ決定的な解決策が得られていない現代物理学における最重要課題のうちの一つとなってい

ます[★3]。

▌ マクスウェルの悪魔 ▌ **マクスウェルの悪魔**とは、マクスウェル (J. C. Maxwell) が導入した思考実験に現れ、熱力学の第二法則を破る仮想的な悪魔です。ここに温度 T のガスが入った箱があるとして、この箱の真ん中に穴の空いた仕切り板が差し込まれています。穴は小さくガスの分子一つがやっと通れるくらいの大きさだとします。さらに穴の横にはスイッチがあり、それを押すと穴を閉じたり開いたりすることができます。統計力学によると、ガス分子質量 m、温度 T のガスの中では、様々な速さ v の分子が $e^{-\frac{mv^2}{2k_BT}}$ に比例する確率で存在していることがわかります。これは $v = 0$ 周りで様々な速さのガス分子が飛び交っているということです。つまり早いガス分子もあれば遅いガス分子もあるのですが、仕切り板の穴の近くに小さな悪魔がいたとして、その悪魔が「右側から来た分子は早いものだけ穴を通し左側に移動させ、左側から来た分子は遅いものだけ穴を通し右側に移動させる」とします。すると次第に右側には比較的遅い分子だけ残り、左側には速く動くガス分子が集まることになります。すなわち、右側の温度を T_R、左側の温度を T_L とすると $T_R < T_L$ となることを意味します。理想気体の状態方程式を用いると $p_R < p_L$ ですので、右側の部屋の方向に力 $F = p_L - p_R$ が働きます。この状態で仕切り板を滑らせられるようにし、そこに適当な紐などつけると、F に仕事をさせることができます。これは、熱を仕事に変換していて、第二種永久機関をつくったことになるため、ここまでの話でどこかがおかしいわけです。近年このギャップを埋めるのに、情報理論が有効であることが示されました [8]。

このように、理論物理学の様々な場面で情報理論との関連が意識されるようになってきました。重力理論の研究で有名なホイーラー (J. Wheeler) は、"it from bit"「物理的実体は情報から生まれる」とさえ言っています [9]。近年では通常の確率論に基づいた情報理論だけでなく、確率の干渉

★3……これについては、第 12 章のコラムも参照してみるとよいでしょう。

が可能である量子力学に基づいた量子情報理論と呼ばれる分野の研究も盛んに行われてきており、様々な発展が日々報告されています。この辺りの内容は本書では扱いませんが、興味のある読者の方は [10] などを読まれるとよいかと思います。

1.3　機械学習と情報理論

　機械学習の方法を数学的に定式化する方法の一つは、確率論に基づくやり方です。実際、本書でもその形式を踏襲していますが、この方法の良いところの一つはやはりエントロピーを始めとした情報理論の様々な概念が使えるということです。機械学習の目的は、「何らかの経験から知らない未来を予想させる」ことだと言えますが、このことを数学的に定式化する際、(1.1.8) にあるように情報エントロピーのような「物事の予想の困難度合い」をはかる量を取り扱う必要があるというわけです。しかしながら、(1.1.8) で言う「予想の困難度合い」は物事が起こる確率 p_i を知っている前提でのお話です。機械学習においても、現象の背後に p_i があることは仮定しますが、その値までは知らない状況を想定します。そのような場合にもやはり、エントロピーに似た別の概念を考えることが非常に重要である、ということを以下の例で説明しましょう。

▎ **相対エントロピーとサノフの定理** ▎　ここで、本書の機械学習の方法の雛形を簡単に議論してみましょう[★4]。ここまでと同様に、起こりうる事象を $A_1, A_2, \ldots, A_W$ とし、それぞれ確率 $p_1, p_2, \ldots, p_W$ で起こるとしましょう。実際にこの p_i の値を知ることができれば、その情報エントロピー程度の精度で、ある程度未来を予想できるようになるでしょう。しかしながら多くの場合 p_i はわからず、代わりに何度か A_i が実際に起こったという「情報」

　★4······この話は物理学者による情報理論の入門 [11] を参考にしました。

$$
\bullet \begin{cases} A_1 \text{ が } \#_1 \text{ 回、} A_2 \text{ が } \#_2 \text{ 回、} \ldots \text{、} A_W \text{ が } \#_W \text{ 回} \\ \text{合計で } \# = \sum_{i=1}^{W} \#_i \text{ 回起こった} \end{cases} \tag{1.3.1}
$$

しかわかりません。ここで # (the number sign) は、適当な正の整数で、回数などを表すものとしておきます。物理学の実験で理論の方程式そのものが観測できるわけではないように、ここでは p_i を直接観測できません。そこでなるべく p_i に近い「確率の予想値」q_i を作り出すことを考えます。「良い」q_i を決定する問題をここでは機械学習と考えましょう。このとき、q_i の良さを「情報」(1.3.1) だけからどのようにして決定すべきでしょうか。一つできることは、

$$
\bullet \; q_i \text{ を真の確率だと仮定したとき、情報 (1.3.1) が得られる確率} \tag{1.3.2}
$$

を考えることでしょう。もしこれが計算できれば、確率 (1.3.2) をなるべく大きく（1 に）近づけるような q_i を決めればよいわけです。このような考え方を、最ももっともらしい推定、**最尤推定**と言います。まず各 A_i が確率 q_i で起こると仮定すると

$$
p(A_i \text{ が } \#_i \text{ 回起こる確率}) = q_i^{\#i} \tag{1.3.3}
$$

でしょう。また、今の設定では各 A_i がどんな順番で起こってもよい、例えば $[A_1, A_1, A_2]$ と $[A_2, A_1, A_1]$ は同じとカウントすることにしているので、その組み合わせの個数分は確率の計算の勘定に入れるべきでしょう。これは多項係数

$$
\begin{pmatrix} \# \\ \#_1, \#_2, \ldots, \#_W \end{pmatrix} = \frac{\#!}{\#_1! \#_2! \cdots \#_W!} \tag{1.3.4}
$$

で書けます。確率は結局これらの積

$$(1.3.2) = q_1^{\#_1} q_2^{\#_2} \ldots q_W^{\#_W} \frac{\#!}{\#_1! \#_2! \ldots \#_W!} \qquad (1.3.5)$$

となります。あとはこの値がなるべく大きくなるような q_i を探せばよいでしょう。機械学習ではうまく q_i を調節し、実際に (1.3.5) に相当する量をなるべく大きくしにかかるわけです[5]。

ところで、データの個数が多い ($\# \approx \infty$) と、大数の法則[6] によって

$$\frac{\#_i}{\#} \approx p_i \quad \Leftrightarrow \quad \#_i \approx \# \cdot p_i \qquad (1.3.8)$$

となるはずです。 このとき $\#_i$ も大きい値にならなければならないため、さらに物理でもお馴染み、スターリングの公式によって

$$\#_i! \approx \#_i^{\#_i} \qquad (1.3.9)$$

です。この (1.3.8) と (1.3.9) を (1.3.5) に代入してみると、面白い量を得ることができます。

$$(1.3.5) \approx q_1^{\# \cdot p_1} q_2^{\# \cdot p_2} \ldots q_W^{\# \cdot p_W} \frac{\#!}{(\# \cdot p_1)! (\# \cdot p_2)! \ldots (\# \cdot p_W)!}$$

---

[5]・・・・・ところで、この問題はラグランジュ未定乗数法で解けます。例えば

$$L(q_i, \lambda) = \log \text{式 (1.3.5)} + \lambda \left(1 - \sum_{i=1}^{W} q_i \right) \qquad (1.3.6)$$

について、q_i, λ について微分値がゼロの点を探すと

$$q_i = \frac{\#_i}{\#}, \lambda = \# \qquad (1.3.7)$$

となるのがわかります。これは大数の法則 (1.3.8) からの直感とも合います。
[6]・・・・・大数の法則については、第 5 章で説明します。

$$\approx q_1^{\# \cdot p_1} q_2^{\# \cdot p_2} \cdots q_W^{\# \cdot p_W} \frac{\#^{\#}}{(\# \cdot p_1)^{\# \cdot p_1} (\# \cdot p_2)^{\# \cdot p_2} \cdots (\# \cdot p_W)^{\# \cdot p_W}}$$

$$= q_1^{\# \cdot p_1} q_2^{\# \cdot p_2} \cdots q_W^{\# \cdot p_W} \frac{1}{p_1^{\# \cdot p_1} p_2^{\# \cdot p_2} \cdots p_W^{\# \cdot p_W}}$$

$$= \exp \left[-\# \sum_{i=1}^{W} p_i \log \frac{p_i}{q_i} \right] \qquad (1.3.10)$$

この確率をなるべく 1 に近づけるのが目標でしたが、それは取りも直さず $\sum_{i=1}^{W} p_i \log \frac{p_i}{q_i}$ をゼロに近づけるということです。この量は相対エントロピーと呼ばれ、$p_i = q_i$ のときに限りゼロになることが知られています。したがって、元の目的である (1.3.2) をなるべく 1 に近づけるというのは、相対エントロピーを小さくすることに対応します。つまり

相対エントロピー = 確率の予測 q_i がどれくらい真の p_i に近いかをはかる量

と言えるでしょう。相対エントロピーの性質などは本書で後に詳しく説明します。相対エントロピーは情報理論では**カルバック・ライブラー** (Kullback-Leibler) **情報量**と呼ばれ、数学的に興味深い性質を持つだけでなく、このように機械学習においても非常に重要な量となっています。ここでの事実、(1.3.2) はおおよそカルバック・ライブラー情報量と同じ、という関係はサノフ (I. N. Sanov) の定理と呼ばれています [12]。日本語の解説 [13] もあります。

1.4　機械学習と物理学

　ここまでで、物理学と情報理論の関係、機械学習と情報理論の関係を簡単に述べてきました。そうすると、何らかの意味で機械学習と物理学との間にも関係があるような気がしてきます。前述した図 1.1 は、その概念を表したものです。物理学と情報がつながっており、また、情報と機械学習がつながっています。それでは、果たして物理学と機械学習はどのように

つながりうるのでしょうか。

▌ **とある思考実験** ▌ 突然ですが、今ここに妖精がいるとしましょう。妖精の眼の前にはボタンと時計が置いてあり、妖精は1分ごとにボタンを押す、押さないの選択をするとします。ボタンを押した場合、機械は1を出力します。押さなかった場合0を出力するとしましょう。実際に「ある特殊な妖精」を連れてきて出力してみた結果が以下の数列です。

$$\{1, 0, 0, 0, 0, 0, 0, 0, 0, 1, 1, 0, 0, 1, 1, \ldots\} \quad (1.4.1)$$

さて、この単調な仕事を4時間程度させてみた結果を15×15の行列で表示してみたのが**図1.2**です。

図**1.2** 「妖精」の4時間の仕事結果。

さらに酷なことに、この仕事を5日間徹夜でさせました。その結果が**図1.3**です。

なんと人の顔になってしまいました★7。「特別な妖精」はボタンを押す/押さないことで、この絵を書くことを目標にしていたというわけです。こ

★7......これは Lenna 画像と呼ばれる、画像圧縮などの研究分野で標準的に用いられているサンプルデータ [14] を切り抜き、二値化したものです。

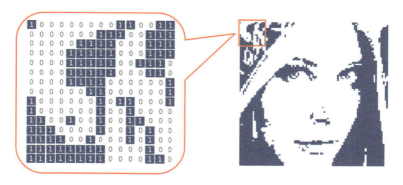

図 1.3 「妖精」の 5 時間の仕事結果。

れは大したことがない仕事のように思われるかもしれませんが、実はそうではないことをもう少し物理的に説明しましょう。

　まず初期状態として 0 と 1 のランダムな配置を考えます。これは問題の一般性を損ないません。時刻 (x, y)（座標に時刻を対応させました）において、0/1 を 1/0 に入れ替えるか、そのままにしておくかを、妖精がボタンを押すか押さないかで決定するとしましょう。このとき、妖精は時刻 (x, y) の 1 ビットの状態を見て、それを反転させるべきかさせないべきか判断することになります。物理学を嗜む皆さんなら、もうおわかりになるでしょう。この「特別な妖精」の正体は**マクスウェルの悪魔**だったというわけです[★8]。この立場でいうと、そもそも「絵を描く」という行為は、キャンバス上に存在しうる無数の可能性（高エントロピー）の中から、意味のある組み合わせ（低エントロピー）を引き出す、すなわち何らかの方法で情報量を増やす操作ということです。近年、人工知能が絵を描いた等のニュースを耳にしますが、誤解を恐れずに言えばこれは今の文脈でのマクスウェルの悪魔を作ることに成功したということになるでしょう。

[★8]......この例は [15] に載っているお話を少し修正したものですが、具体的に現代の物理学におけるマクスウェルの悪魔の解決法を、ここでの文脈に当てはめて考えてみる、すなわち機械学習で何らかの意味ある確率分布を学習するのに使ったエントロピー減少はどこからもたらされるのか、という問題を考えてみるのは面白いかもしれません。

上のマクスウェルの悪魔の話は、機械学習と物理学に関係がありそうなことを示唆する思考実験でしたが、実際に、本書のテーマである機械学習と物理学は、太いパイプでつながりうるのでしょうか。

実は、機械学習の分野においても、しばしば「物理的センス」が必要な問題や、それに触発された研究成果が数多くあります。例えば深層学習の黎明期では今で言うニューラルネットワークを確率化したモデル（ボルツマンマシン）が使われていましたが、これは統計力学、とくにスピンの自由度を取り扱うイジング模型から着想を得た模型になっています。また、ニューラルネットワークとはそもそも脳のニューロンの結合を模した人工的なネットワークですが、記憶を蓄えることを物理系として表すホップフィールド模型は、イジング模型の一種とも言えるのです。これらのことに着目し、本書では統計力学からニューラルネットワークの様々な設定を説明します。

ボルツマンマシンの学習や、あるいはベイズ統計などでは「複雑な確率分布に従う（疑似）乱数を生成（サンプリング）する」必要に駆られますが、これは物性物理学や素粒子物理学の数値計算で日常的に行っていることですので、ここにも共通点があると言えます。実際、計算物理を専攻していた人がデータサイエンスの世界に転向するというのは珍しい話ではありません。

もっとも、複雑な模型だとサンプリングに時間がかかりすぎてしまうため、近年ではボルツマンマシンはニューラルネットワークに取って代わられてしまい、やや日の目を見ない立場に立たされています。しかし、深層学習の最新の話題をフォローするばかりに囚われず、初心に戻ってボルツマンマシンについて考え直すというところに学術的な意義が隠されているかもしれません。

今日、深層学習といえば、深層ニューラルネットワークを様々な機械学習のスキームに当てはめるために「経験的」にうまくいくことがわかっている様々なテクニックを集めたもの、と言う以外にうまい説明を思いつきません。しかし、「経験的」にうまくいきそうだと思う心は、いわゆる「物理

014 第 1 章 はじめに：機械学習と物理学

機械学習	物理
期待値 $\mathbb{E}_\theta[\bullet]$	期待値 $\langle \bullet \rangle_J$
学習パラメタ W, θ	結合定数（外場）J
エネルギー関数 E	ハミルトニアン H

表 1.1 機械学習関連分野で使われる用語や記法と、物理学での対応物。

的センス」に近いものがあります[9]。例えば近年では、「迂回路」をニューラルネットワークに含んだ ResNet と呼ばれるモデルの能力が高いことがわかってきています。ResNet は本来の深層ニューラルネットワークが獲得している「特徴量」と呼ばれる、望む仕事をさせるのに重要なデータに付随した量を学習するのではなく、その「残差 (residual)」を学習するというものであり、残差を積み重ねて特徴量を表現しています。これは「微分＝残差」と「積分＝特徴量」の関係にあり、運動方程式とその解を彷彿させます。

　このように機械学習と物理学にはやはり「何らかの」関係があるように思えます。実際に翻訳を試みるには、**表 1.1** のような対応の辞書を作っていくことになります。図 1.1 に戻りますと、上に挙げたような多数の断片的な関係と組み合わせれば、機械学習や深層学習の方法論を物理学的な観点から捉えることができそうです。

　このような点を踏まえ、本書は

1. 物理学の観点から機械学習の方法を理解すること
2. 物理学の諸問題と機械学習の方法の関連を見出すこと

を目的としています。本書では前半を「物理学の視点からの機械学習/深層学習入門」とし、後半を「物理学への応用と展開」としました。本書で

---

[9]……一例として、ほとんどの場の量子論は数学的には正当化できませんが、経験的に実験結果とあっていることがあるでしょう。これは、物理的センスによって定式化されています。場の量子論の一種である量子電気力学の計算結果は数学的に正当化できない操作がいくつも含まれているものの実験での測定値と 10 桁以上一致しています。理論物理学者のセンスからすると、矛盾した操作は行っていないのですが正当化はできません。

紹介しきれなかった話題は多くありますが、極力、参考文献をつけるようにしたので、より詳しく知りたい読者の方は、適宜文献にあたってみたり、キーワードで検索してみたりしてください。

　さらに、本書の最終章では、著者三名それぞれ違った立場から、執筆の経緯や研究の動機、これから機械学習を学ぶ人々へのメッセージを記しました。お読みいただければわかるように、三者三様の思惑が交錯しており、いまだどのような意味で機械学習と物理学が関連しているのかは、研究者の間でも一致を見ていない謎なのです。逆に言えば、これは「何かがあるかもしれない未開の地」ということでもあります。これから機械学習を学ぶ読者とともに、そのような未開の地に本書を通じて踏みこむこととしましょう。

第I部

物理から見る
ディープラーニング
の原理

Deep learning:
From a physical perspective

ではいよいよ、物理学の視点から機械学習を学び理解する第Ⅰ部に入りましょう。この第Ⅰ部では、物理学の言葉を使って、ニューラルネットワークが「出現」する様子を見ます。一般に、機械学習や深層学習（ディープラーニング）で用いられるニューラルネットワークは、脳の神経ネットワークとニューロンの働きを模したものとして導入され、また、様々なニューラルネットワークの構造は、学習や応用の目的に応じて構築改良されていくため、特に物理学の視点は用いられません。そのため、物理学的な視点があるとしても、個々の概念に対する後付けの解釈にしかなりえないと考える読者も多いでしょう。しかし、この第Ⅰ部では、物理学の観点から、いかにニューラルネットワークとその付随する概念が自然に出てくるか、に重点を置き、ニューラルネットワークの「導出」を主に見ることにします。

　ちなみに、断言することはできませんが、ここでの「導出」は深層学習研究の黎明期に、ボルツマンマシンからニューラルネットへと研究対象が移行してゆくときの論文を読むと、実際に研究者の方々の脳裏で暗黙のうちに行われたことのように思われます。

　もちろん、機械学習のすべての概念が物理的に導出されるのではありません。機械学習とは何か、といった基本概念を解説しながら、物理の言葉で進んでいきます。物理を少し学んだ人なら、どのように学習を実行し最適化できるか、という問いに対する答えを自然に感じられる流れになっています。

　また、以下で解説される機械学習の概念は、機械学習における頻出概念を網羅的に扱っているのではなく、あくまで、機械学習とは何か、を理解するために必要な基礎的概念に絞られています。しかし、これらを物理学の言葉で理解すれば、現在様々に応用されている機械学習を物理的に理解する一助となり、また、第Ⅱ部で解説される物理学と機械学習の関連の研究にも役立つことと思われます。では、読者のための行き先案内板として、各章の簡単な紹介をしましょう。

第2章：機械学習の一般論　最初に、機械学習の一般論について学びます。学習とは何か、機械が学習するとはどういうことか、そして学習の

目安となる相対エントロピーとは何か、について、例を追いながら見てみましょう。データを確率論的に取り扱う方法を理解し、学習における**汎化**とその重要性が述べられます。

第3章：ニューラルネットワークの基礎　次にこの章では、ニューラルネットワークを物理モデルの観点から導出します。ニューラルネットワークとは、入力から出力を与える非線形関数であり、それを与えることは、教師つき学習の場合には誤差関数と呼ばれる関数を与えることに相当します。出力を力学的自由度、入力を外場と考えることで、単純なハミルトニアンから、様々なニューラルネットワークとその深層化が生まれてきます。★10 学習とは誤差関数を小さくしていく手続きですが、その具体的方法である誤差逆伝播法を、量子力学で馴染み深いブラケットの記法で学びます。そして、ニューラルネットワークが多様なデータ間のつながりを表現できる理由であるところの「万能近似定理」の働き方を見ます。

第4章：発展的なニューラルネットワーク　この章では、近年の深層学習の主役となっている2種類のニューラルネットワークの構造を、前章の物理学の言葉を踏襲して、解説します。畳み込みニューラルネットワークは、入力データの中での空間的な近さを重視した構造を持ちます。また、再帰的ニューラルネットワークは、時系列でデータが入力されるときにそれらを学習する構造を持ちます。このような、データの特質を尊重したネットワーク構造の与え方を学びます。

第5章：サンプリングの必要性と原理　学習が実施される状況では、入力データがある確率分布で与えられていることが仮定されていますが、ときには、その確率分布が与える、様々な入力値の関数の期待値を計算する必要があります。この章ではその計算の実行法である「サンプリング」の方法と必要性について、見ていきましょう。大数の法則、中心極限定理、マルコフ連鎖モンテカルロ法、詳細釣り合い

★10……本書で使用する物理学の基礎概念である統計力学と量子力学については、章末のコラムを参照しましょう。

の原理、そしてメトロポリス法、熱浴法など、物理学でも統計力学で頻出する考え方は、機械学習でもそのまま使用されています。物理学と機械学習で共通する概念をよく知ることは、双方の理解につながります。

第 6 章：教師なし深層学習　第Ⅰ部の最後ではボルツマンマシンと敵対的生成ネットワークを解説します。どちらの模型も第 3 章で与えられた「答えを探す」ネットワークではなくネットワーク自身が入力に対してその入力の確率分布を与えるような模型になっています。ボルツマンマシンは、歴史的にはニューラルネットワークの礎であり、また、多粒子のスピン系のハミルトニアンの統計力学で与えられます。そのため、機械学習と物理学をつなぐ重要な架け橋になっています。また敵対的生成ネットワークは近年の深層学習における最もホットな話題のうちの一つであり、物理学的な観点からの説明を試みます。

　第Ⅰ部では、物理モデルとして学習という数学をどうモデル化するか、そしてその結果として物理学的に自然にニューラルネットワークが導かれること、が重要な点です。これらは、様々な機械学習の構成法をさらに学ぶ際や、将来現れる新しい学習方法を理解する際、また、物理学を、機械学習の研究に応用する際や、その逆、機械学習を物理学の研究に応用する際など、様々な機会に役立つでしょう。

2

第2章

機械学習の一般論

2.1 機械学習の目的

　深層学習は**機械学習**と呼ばれるものの一種です。計算機学者のサミュエルによる機械学習の古い"定義"は「明示的なプログラムをすることなく、機械が学習できる能力を持つようにする」というものです [16]。もう少し現代的な言い方をしてみると、「経験だけから、その背後の構造を抽出し未知の状況にも適用できる能力を機械に自動的に獲得させる」ということです[★1]。

　経験をどのような形式で機械に与えるかによって様々な方法がありますが、今回は既に何らかのデータベースとして経験が蓄えられている状況を想定しましょう。この文脈で、考えるデータの種類は2種類です:

- 教師つきデータ：$\{(\vec{x}[i], \vec{d}[i])\}_{i=1,2,\ldots,\#}$
- 教師なしデータ：$\{(\vec{x}[i], \; - \;)\}_{i=1,2,\ldots,\#}$

[★1]……ファインマンは [17] の第 2 章をはじめ様々な場面で、物理現象の観測は自分の知らないルールで神々がチェスを打つのを横から眺めるのと似ており、十分多くの観測をすればルール（物理法則）のうちのいくつかを推測できるだろう——といったたとえ話をしています。これは、ルールや構造を推測する逆問題の本質を捉えた良いたとえです。この例に沿って機械学習をたとえると、観測者が人間ではなく機械になる、といったところでしょうか。

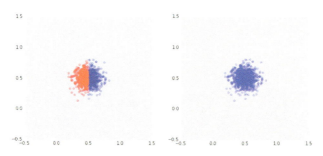

図 2.1 左：教師つきデータの例（$d[i] = 0$ が赤、$d[i] = 1$ が青に対応）、右：教師なしデータの例（左の例で d のことを忘れ、すべてのデータを青でプロットしたもの）。いずれも $\vec{x}[i]$ は 2 次元ベクトルで、平面上の点に対応します。

$\vec{x}[i]$ は i 番目のデータ値（一般にベクトル値）を表し、$\vec{d}[i]$ はそのデータに伴う**教師信号**を表します。− は教師信号が与えられないことを表しており、教師なしデータでは実際は $\{\vec{x}[i]\}$ のみが与えられているということになります。また # はデータの個数を表します。

教師つきデータの典型例は **MNIST** [18]（エムニスト）や **CIFAR-10** [19]（サイファー・テン）などの

$$\{(画像データ\,[i], ラベル\,[i])\}_{i=1,2,\ldots,\#} \quad (2.1.1)$$

の形式をしたデータです。例えば MNIST[★2] では手書き数字のデータが 28×28 ピクセルの画像データとして格納されており、これは $28 \times 28 = 784$ 次元の実ベクトル $\vec{x}$ とみなすことができます。また教師信号は $\vec{x}$ がどの数字を表しているか：$n \in \{0,1,2,3,4,5,6,7,8,9\}$ の数値そのものか、あるいは 10 次元ベクトル $\vec{d} = (d^0, d^1, d^2, d^3, d^4, d^5, d^6, d^7, d^8, d^9)$ で、n に対応する成分が $d^n = 1$ でありそれ以外の成分が 0 のもの、が対応します。

[★2] アメリカ国立標準技術研究所（National Institute of Standards and Technology; NIST）という機関が作成した手書き文字画像のデータベースを下地に作られたものが Modified NIST、略して MNIST と呼ばれます。

CIFAR-10[★3] にはカラーの自然画像が 32×32 ピクセルの画像データとして格納されており、1 ピクセルごとに赤、緑、青の強さが実数値として格納されているため、$\vec{x}$ は $32 \times 32 \times 3 = 3072$ 次元ベクトルとみなせます。教師信号は画像 $\vec{x}$ が { 飛行機, 自動車, 鳥, 猫, 鹿, 犬, 蛙, 馬, 船, トラック } のどれを表しているかを示し、MNIST 同様の表現で格納されています。

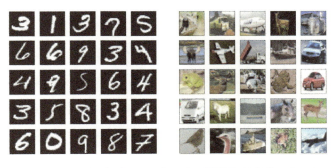

図 2.2 左：MNIST [18] のサンプル、右：CIFAR-10 [19] のサンプル。

2.1.1 データの数学的な定式化

教師つきデータ／教師なしデータが与えられれば、その特徴を抽出するような学習機械を設計し、知らないデータについて予言できるようになればよいわけです。その方策を探るために「知らないデータについて予言する」ということを数学的に定式化する必要があります。このため、次の思考実験を試みましょう。

▎ **二つのサイコロ** ▎　ここに二つのサイコロ

[★3] ...... カナダ高等研究所 (Canadian Institute For Advanced Research; CIFAR) という機関が作成したデータベースであり、CIFAR-10 は教師ラベルが 10 個であることを表します。より詳細なラベルが付いた CIFAR-100 というデータも存在します。

024 第 2 章 機械学習の一般論

- サイコロ A は確率 1/6 ですべての目が出る
- サイコロ B は確率 1 で 6 のみが出る

があるとします。その上で

1. 確率 1/2 で A か B を選び、A のとき $d = 0$, B のとき $d = 1$ とする
2. サイコロを振り、出た目を x とする
3. (x, d) を記録する

という作業を繰り返すと、

$$
\begin{array}{l|l|l}
(x[1] = 6,\ d[1] = 1) & (x[10] = 6,\ d[10] = 1) & (x[19] = 6,\ d[19] = 1) \\
(x[2] = 6,\ d[2] = 1) & (x[11] = 3,\ d[11] = 0) & (x[20] = 6,\ d[20] = 1) \\
(x[3] = 6,\ d[3] = 1) & (x[12] = 3,\ d[12] = 0) & (x[21] = 6,\ d[21] = 1) \\
(x[4] = 6,\ d[4] = 1) & (x[13] = 6,\ d[13] = 1) & (x[22] = 6,\ d[22] = 1) \\
(x[5] = 6,\ d[5] = 0) & (x[14] = 4,\ d[14] = 0) & (x[23] = 6,\ d[23] = 1) \\
(x[6] = 6,\ d[6] = 1) & (x[15] = 3,\ d[15] = 0) & (x[24] = 5,\ d[24] = 0) \\
(x[7] = 6,\ d[7] = 0) & (x[16] = 6,\ d[16] = 0) & (x[25] = 5,\ d[25] = 0) \\
(x[8] = 2,\ d[8] = 0) & (x[17] = 1,\ d[17] = 0) & (x[26] = 6,\ d[26] = 1) \\
(x[9] = 5,\ d[9] = 0) & (x[18] = 6,\ d[18] = 1) & (x[27] = 4,\ d[27] = 0)
\end{array}
$$

$$(2.1.2)$$

のようなデータが得られます。そこで「＾（ハット）付きの確率」（経験確率といいます）

$$
\hat{P}(x, d) = \frac{\text{データの中で } (x, d) \text{ が現れた回数}}{\text{データ総数}} \tag{2.1.3}
$$

として、1,000 個のデータをとって $\hat{P}(x, d)$ の値を計算してみると、以下

になります。

$$\hat{P}(x,d) = \begin{array}{|c|c|c|}
\hline
 & d=0 & d=1 \\
\hline
x=1 & 0.086 & 0.0 \\
\hline
x=2 & 0.087 & 0.0 \\
\hline
x=3 & 0.074 & 0.0 \\
\hline
x=4 & 0.089 & 0.0 \\
\hline
x=5 & 0.083 & 0.0 \\
\hline
x=6 & 0.082 & 0.499 \\
\hline
\end{array} \tag{2.1.4}$$

この表は、データの数を増やせば増やすほど、

$$P(x,d) = \begin{array}{|c|c|c|}
\hline
 & d=0 & d=1 \\
\hline
x=1 & 1/12 & 0 \\
\hline
x=2 & 1/12 & 0 \\
\hline
x=3 & 1/12 & 0 \\
\hline
x=4 & 1/12 & 0 \\
\hline
x=5 & 1/12 & 0 \\
\hline
x=6 & 1/12 & 1/2 \\
\hline
\end{array}, \quad (1/12 = 0.08\dot{3}, 1/2 = 0.5)$$

$$\tag{2.1.5}$$

に近づいていきます。実際、定義から (2.1.5) が (x,d) の実現確率であることがわかります。データ (2.1.2) は $P(x,d)$ からのサンプリングということになります。このことを

$$(x[i], d[i]) \sim P(x,d) \tag{2.1.6}$$

と書きましょう。

026 第 2 章 機械学習の一般論

■ **神のみぞ知るデータ生成確率** ■ 上の例 (2.1.2) は、サイズは小さいものの、教師つきデータ $\{(\vec{x}[i], \vec{d}[i])\}_{i=1,2,\ldots\#}$ の一例になっています。MNIST や CIFAR-10 などに代表される教師つきデータも、基本的には

1. ラベルを何らかの確率で選び、それを $\vec{d}$ で表現する
2. $\vec{d}$ に対応する画像を何らかの方法で取り、$\vec{x}$ とする
3. $(\vec{x}, \vec{d})$ を記録する

という試行★4 を繰り返して得られたものです。そうすると、世の中にあるデータにはすべて (2.1.5) のようなデータ生成確率 $P(\vec{x}, \vec{d})$ というのが背後にあって、データ自身はその定義に従ったサンプリングの結果

$$(\vec{x}[i], \vec{d}[i]) \sim P(\vec{x}, \vec{d}) \tag{2.1.7}$$

なのではないか、と考えたくなります。

　データ生成確率 $P(\vec{x}, \vec{d})$ の存在と、データについての (2.1.7) を仮定するのが、統計的機械学習における出発地点となります。かのアインシュタインはボルンへ宛てた手紙の中で「神はサイコロを振らない」と言ったと言われていますが、機械学習では逆に「神はサイコロを振る」と考えるわけです。もちろん、(2.1.5) のような $P(\vec{x}, \vec{d})$ の具体的表式は誰にも知りえませんが、このような仮定をしておくことは、後の議論において有用とな

★4……このプロセスは $P(\vec{x}, \vec{d}) = P(\vec{x}|\vec{d})P(\vec{d})$ に対応しますが、実際はこの順よりも

　　1. 画像 $\vec{x}$ を持ってくる
　　2. 画像のラベルを判断し $\vec{d}$ とする
　　3. $(\vec{x}, \vec{d})$ を記録する

　のほうが集めやすいと思われます。こちらのプロセスは $P(\vec{x}, \vec{d}) = P(\vec{d}|\vec{x})P(\vec{x})$ に対応します。結果的に得られるサンプリングはデータ生成確率の存在を認めるとベイズの定理（本章のコラム参照）から同じになるはずです。

ります[5]。

2.2　機械学習とオッカムの剃刀

上で「$P(\vec{x}, \vec{d})$ の具体的表式は知りえない」と主張しました。それと相反することを言うようですが、機械学習における目標は $P(\vec{x}, \vec{d})$ の具体的表式を「近似的に」知ることです。基本的には

I. パラメータ J に依存する確率 $Q_J(\vec{x}, \vec{d})$ を定義する

II. パラメータ J を調整して $Q_J(\vec{x}, \vec{d})$ をなるべく $P(\vec{x}, \vec{d})$ に近づける

という戦略をとります。II. の段階を**訓練**／**学習** (training、**トレーニング**／ learning、**ラーニング**) と呼びます。

何らかの方法でモデル $Q_J(\vec{x}, \vec{d})$ が定義されたとします。II. の段階でこれを $P(\vec{x}, \vec{d})$ に近づけるために、両者の差を測るような関数があればよいわけですが、お誂え向きなのが**相対エントロピー**[6] と呼ばれる量です。

$$D_{KL}(P||Q_J) = \sum_{\vec{x}, d} P(\vec{x}, d) \log \frac{P(\vec{x}, d)}{Q_J(\vec{x}, d)} \tag{2.2.1}$$

ここで使われる $||$ 表記を見慣れない読者も多いかもしれませんが、これは P, Q_J の引数が非対称であることを強調するための単なる記法です。相対エントロピーは非負、すなわち $D_{KL} \geq 0$ であり、ここで等号成立はすべての $(\vec{x}, d)$ について $P(\vec{x}, d) = Q_J(\vec{x}, d)$ のときかつそのときに限ることが示せます（この章のコラム参照）。したがって、J をうまく調節（学習）

---

[5]……強調するまでもありませんが、ここでの確率はすべて古典的なもので、量子論は関係してきません。

[6]……第 1 章でも触れましたが、相対エントロピーは**カルバック・ライブラー距離**とも呼ばれます。名前に「距離」がついていますが、距離の公理の内、対称性を満たしません。これは**分離度** (divergence) と呼ばれるものになっています。

028 　第 2 章 　機械学習の一般論

して D_{KL} を減らすことができれば学習が進むということになります。この (2.2.1) を**汎化誤差**といいます[7]。**汎化**とはこの章の冒頭に書いたような、機械が未知の状況に適応できている状態を意味する専門用語です。

┃ データ数の重要性 ┃ 　しかしながら学習には様々な困難があります。まず第一に「$P(\vec{x}, \vec{d})$ の具体的表式は知りえない」ため (2.2.1) の値や勾配を計算することは不可能です。実際には (2.1.4) のような、データからもたらされる近似的な確率 $\hat{P}(\vec{x}, \vec{d})$（これを**経験確率**といいます）を用い

$$D_{KL}(\hat{P}||Q_J) \tag{2.2.2}$$

を使います。こちらは**経験誤差**と呼びます[8]。このことから、データ数がある程度多くないと信頼できる学習結果が得られないことが直感的に理解できます。例えば (2.1.4) の例ではデータ数を 1,000 として計算しましたが、代わりにデータ数を 10 として行うと

$$\hat{P}(x, d) = \begin{array}{c|c|c} & d = 0 & d = 1 \\ \hline x = 1 & 0.0 & 0.0 \\ \hline x = 2 & 0.0 & 0.0 \\ \hline x = 3 & 0.1 & 0.0 \\ \hline x = 4 & 0.1 & 0.0 \\ \hline x = 5 & 0.1 & 0.0 \\ \hline x = 6 & 0.2 & 0.5 \end{array} \tag{2.2.3}$$

となり、本来 0 でないはずの値も 0 になってしまい、真の確率 (2.1.5) か

---

[7]……一般に「汎化誤差」と言ったとき、後述する誤差関数の期待値を指す場合が多いのですが、後に示すように、本質的に両者は同じものを考えていることになります。本書と同じく汎化誤差を (2.2.1) としている文献は例えば [20] があります。

[8]……第 1 章で相対エントロピーを導入した際、最尤推定を用いたのと同じく、結局のところこれは最尤推定していることと同じになります。

らかけ離れたものになります。この場合、モデル $Q_J(x,d)$ は (2.2.3) をお手本にするしかないため、真の確率 (2.1.2) の近似としての精度は悪くなってしまう、というわけです。

2.2.1 汎化 (generalization)

また、実際には (2.2.2) を計算するしかないとはいえ、「本当の目的」は (2.2.1) をなるべくゼロに近づけることだったことを忘れてはいけません。その立場から言えば (2.2.2) をゼロにする問題を解くことが必ずしも良いとは限らないわけです。さらに悪いことに、経験誤差 (2.2.2) を極端に小さくする行為はしばしば**過学習** (overtraining) と呼ばれる現象を引き起こします。過学習とは、経験誤差の値が小さいにも関わらず、汎化誤差 (2.2.1) の値が大きくなってしまう現象のことです。例えば、定期テストで丸暗記により満点を取っていたとしても、本当の理解には到達していないので、実力テストでは低い点を取ってしまう現象（？）に近いかもしれません[★9]。むしろ (2.2.2) の情報だけから (2.2.1) を小さくすることを考えたほうがよいでしょう。もしこれが達成されれば、Q_J はデータ生成確率 P の近似として十分なものとなり、Q_J からのサンプリングはそのまま「知らないデータについて予言する」能力、汎化能力、を持つことになります。

▍ 汎化の難しさ ▍ 実は、以上の定義をうまく変形することで、不等式

$$（汎化誤差）\le （経験誤差）+ \mathcal{O}\left(\sqrt{\frac{\log(\#/d_{VC})}{\#/d_{VC}}}\right) \tag{2.2.4}$$

★9......実験物理を知っている人は、過適合 (overfitting) を思い出すとよいでしょう。また、[30] も参照してください。

が成り立つことを示すことができます [21]★10。d_{VC} は **VC 次元** (Vapnik-Chervonenkis dimension) と呼ばれるモデル Q_J の表現力（複雑性とも呼ばれる）を数値化したものです。大雑把には、d_{VC} はモデルに含まれるパラメータ J の数に対応するものです★11。この表式を用いて、汎化の難しさについて考えてみましょう。

　まず、何はともあれ経験誤差を小さくすることが初めにできることなので、これを小さくするためパラメータ J を調整します。あまり表現力が低いモデルだと様々なデータに対応できないので、モデルの表現力を上げたほうがよいでしょう。その結果、原理的には経験誤差はモデルを複雑にすることで、とても小さな値にすることができるでしょう。

　一方で、経験誤差を極端に小さくするような複雑なモデルでは、d_{VC} の値が跳ね上がります。簡単のため、これが無限大になったとしましょう。すると固定したデータ数 $\#$ のもとでは、(2.2.4) の第 2 項の値が

$$\lim_{\#/d_{VC} \to +0} \frac{\log(\#/d_{VC})}{\#/d_{VC}} \to \infty \tag{2.2.7}$$

と発散し、(2.2.4) は意味のない不等式

★10……ただし、以下の脚注で説明しているように、話が 2 値分類に限られた場合となります。また、汎化誤差、経験誤差ともに何らかの方法で $[0,1]$ に値をとるように正規化してある場合に使える不等式です [21]。

★11……VC 次元の定義を正確に説明するためには、モデル Q_J を（後にやるように）

$$Q_J(\vec{x}, \vec{d}) = Q_J(\vec{d}|\vec{x})P(\vec{x}) \tag{2.2.5}$$

とします。また、パラメータ J を持つ関数 f_J とディラックのデルタ関数 δ を用いて、

$$Q_J(\vec{d}|\vec{x}) = \delta(f_J(\vec{x}) - \vec{d}) \tag{2.2.6}$$

となっているとします。さらに $\vec{d} = 0, 1$ と 2 値分類の問題に取り組んでいるとします。このとき $f_J(\vec{x})$ は結局、入力 $\vec{x}$ を 0 か 1 かのどちらかに振り分ける仕事を任されているわけです。ところでデータが $\#$ 個ある場合、考えうる 0/1 の振り分け方は $2^{\#}$ 個あるわけですが、もし J を十分動かして $[f_J(\vec{x}[1]), f_J(\vec{x}[2]), \ldots, f_J(\vec{x}[\#])]$ がその考えうるすべての 0/1 の振り分けを実現できる場合、このモデルはデータを完全にフィッティングできる能力がある（データ数 $\#$ に対して能力が飽和している）ということになります。VC 次元とはそのような状況が実現される $\#$ の最大値を指します。

$$（汎化誤差） \leq （経験誤差） + \infty \tag{2.2.8}$$

となってしまいます。すると、この状態でいくら経験誤差を小さくしても、汎化誤差を小さくしたことは保証されません[★12]。したがって、データのスケールに応じた適切なモデルを使わないと学習の汎化を保証できません。物理学の現象モデルを作る場合にも、現象を説明するのに余り複雑なものは好まれないでしょう。このような考え方を**オッカムの剃刀**と呼びますが、不等式 (2.2.4) はまさしくオッカムの剃刀の原理を数学的に表現しているわけです[★13]。

┃ 深層学習における汎化の謎 ┃ 一方、以下で説明するように、深層学習におけるモデルは層の数に応じてどんどん複雑になっていきます。例えば有名な ResNet [24] などは数百層であり、これはとてつもなく巨大な d_{VC} を与えます[★14]。そのため (2.2.4) の不等式からは、上記の論理で汎化性能が上がることを保証できません。にもかかわらず、ResNet は強力な汎化

★12......過学習とはこの状態に陥った状況のことを言います。

★13......同様の思想に基づいた有名な指標に**赤池情報量規準** [22] (Akaike Iformation Criteria; AIC) というのもあります:

$$AIC = -2 \log L + 2k \tag{2.2.9}$$

ここで L は最大尤度、k はモデルパラメータ数です。また AIC とフィッティングの精度を決める χ^2 という量には、ある関係があります [23]。

★14......例えば [25] の定理 20.6 によると、単純なステップ関数を活性化関数（次章で説明します）に持つニューラルネットワークの学習パラメータ数を N_J とすると、そのニューラルネットワークの VC 次元は $N_J \log N_J$ のオーダーになるようです。ResNet はこのようなニューラルネットワークではありませんが、参考のためこの公式で VC 次元を計算してみましょう。例えば [24] の Table 6 によると、110 層の ResNet（パラメータ数 = 1700）は CIFAR-10（データ数 60000）の分類についてエラー率平均 6.61%とあります。一方このときの VC 次元は上の公式だと 12645.25 となり、(2.2.4) のオーダー項は 0.57 です。件の不等式で誤差が [0,1] にスケールされているので、これは上限のエラー率が高々 10%くらいと読めますが、前述のエラー率 6.61%はこれを圧倒しています。同論文の Table 4 に ImageNet [26]（データ数およそ 10^7 程度）の分類エラーが書かれていますが、こちらも 152 層で top5 エラー率 4.49%とありますが、素朴に同じ計算をすると 9%程度となり、やはり不等式の上限よりも良いです。ただし、不等式 (2.2.4) はあくまで 2 値分類の場合の式ですが、CIFAR-10 は 10 値分類であり、ImageNet は 1000 値分類なので、ここでの検算はあくまで参考程度と思ってください。

性能を獲得しているように見えます。このことは上記の論理と一見矛盾するようですが、実はそうではありません。(2.2.4) を用いた評価で汎化性能を保証できないだけで、より詳細な不等式が存在する可能性があるからです。

$$(汎化誤差) \quad \underbrace{\overset{?}{\leq} (経験誤差) + \mathcal{O}_{DL}}_{(2.2.4) \text{ の内側にこういうのがあるかも？}} \quad \leq (経験誤差) + \mathcal{O}\left(\sqrt{\frac{\log(\#/d_{VC})}{\#/d_{VC}}}\right)$$

$$(2.2.10)$$

このようなより詳細な不等式評価から深層学習の汎化性能の謎を解こうという動きもありますが（例えば [27] など）、執筆時（2019 年 1 月現在）でいまだ決定的な結果はありません。

2.3　確率的勾配降下法

学習を実装するにあたって、最も手軽な方法の一つは誤差のパラメータ J に関する勾配（次式の第 2 項）を用いて、適当な初期値 $J_{t=0}$ を設定した後

$$J_{t+1} = J_t - \epsilon \nabla_J D_{KL}(P||Q_J) \tag{2.3.1}$$

とパラメータを更新していくことです。これを**勾配降下法**といいます[★15]。ここで ϵ は正の小さな実数です。こうしておくと J の変化分を $\delta J = J_{t+1} - J_t$ とすると、D_{KL} の変化分が

★15……実際のところ、誤差を最小化するには 1 階微分 $\nabla_J D_{KL}(P||Q_J)$ では十分ではありません。本来は 2 階微分に対応するヘッシアン (Hessian) を見るべきですが、計算量が多くなるため実用的ではありません [30]。

$$\delta D_{KL}(P||Q_J) \approx \delta J \cdot \nabla_J D_{KL}(P||Q_J) = -\epsilon |\nabla_J D_{KL}(P||Q_J)|^2 \tag{2.3.2}$$

となって、D_{KL} が減少していくことがわかります[★16]。しかしながら何度も強調してきたように、勾配を計算するには真のデータ分布 P を知らなければならないので、ここまでは机上の空論です。問題はいかにして (2.3.1) に近いことができるか、ということです。

▌ **確率的勾配降下法** ▌ では、(2.3.1) の良い近似を与える量はどのように作ることができるのでしょうか。まず、誤差の勾配を計算してみることにしましょう。

$$\nabla_J D_{KL}(P||Q_J) = \nabla_J \sum_{\vec{x},d} P(\vec{x},d) \log \frac{P(\vec{x},d)}{Q_J(\vec{x},d)}$$
$$= \sum_{\vec{x},d} P(\vec{x},d) \left(\nabla_J \log \frac{P(\vec{x},d)}{Q_J(\vec{x},d)} \right) \tag{2.3.3}$$

このように、誤差の勾配は $\nabla_J \log \frac{P(\vec{x},d)}{Q_J(\vec{x},d)}$ の期待値の形で表すことができます。そこで P からのサンプル平均で期待値を近似することを考えましょう。

$$(\vec{x}[i], d[i]) \sim P(\vec{x}, d), \quad i = 1, 2, \ldots, \# \tag{2.3.4}$$

$$\hat{g} = \sum_{i=1}^{\#} \frac{1}{\#} \left(\nabla_J \log \frac{P(\vec{x}[i], d[i])}{Q_J(\vec{x}[i], d[i])} \right) \tag{2.3.5}$$

この量は各サンプルに関して期待値をとると確かに (2.3.3) に戻ります。ま

[★16]……ϵ の値があまり大きすぎると式 (2.3.2) の $\approx$ の近似が悪くなり、実際のパラメータ更新も意図しない振る舞いを起こします。これは第 4 章で説明する勾配爆発の問題とも関連しています。

た、大数の法則のため、大きな $\#$ の場合には (2.3.3) の良い近似となるは
ずです。このようにサンプル近似を用いた勾配降下法

    1. $J_{t=0}$ を適当に初期化

    2. 以下を繰り返す（繰り返し変数を t とする）

        データを $\#$ 個サンプリング（式 (2.3.4)）

        式 (2.3.5) に従って $\hat{g}$ を計算する

$$J_{t+1} = J_t - \epsilon\hat{g} \tag{2.3.6}$$

を**確率的勾配降下法** (SGD; stochastic gradient descent) と呼びま
す [28]。注意として、この近似を大数の法則を用いて正当化するために
は、(2.3.4) におけるサンプリングはすべて独立にとらなければならないた
め、パラメータ更新の各ステップ t で別々に実行しなければなりません。
このような、各 t で常に新たなデータを使う学習法をオンライン学習と言
います。

▎ **データが限られている場合** ▎ あらかじめデータベースを用いる場合
は、上記のようなことは叶いません。その場合は、バッチ学習と呼ばれる
方法を用います。このような場合でもなるべくバイアスが乗らないような
確率的勾配降下法を考えたいわけですが、深層学習では多くの場合、以下
のミニバッチ学習と呼ばれる方法がとられます。

（データ $\{(\vec{x}[i], d[i])\}_{i=1,2,\ldots\#}$ は事前に与えられるものとする）

1. J を適当に初期化

2. 以下を繰り返す

    データをランダムに M 個の部分データに分割する

    以下を $m=1$ から $m=M$ まで繰り返す

        式 (2.3.5) の計算を m 番目の部分データに置き換え、$\hat{g}$ を計算する

$$J \leftarrow J - \epsilon \hat{g} \tag{2.3.7}$$

2. のループの初めに、データをランダムに分割するプロセスが入るのに注意してください。教師つき学習で勾配降下法を適応する場合、ほとんどこの方法が使われますが、本来の勾配降下法 (2.3.6) と違い、2. のループを繰り返しても各 $\hat{g}$ は独立ではないので、汎化誤差の勾配の近似精度が上がる保証はないため、注意が必要です。通常は**検証用のデータ** (validation data) を別途用意して、そちらの経験誤差も同時にモニター（観察）しつつ、過学習に陥らないようにするなどの工夫が必要です。

▌ **深層学習の場合** ▌ おおむね (2.3.7) の方法に則っておこなう場合がほとんどですが、いくつか強調すべき点を挙げておきましょう。まず勾配 $\hat{g}$ は以下で導入する**誤差関数**の勾配となりますが、ニューラルネットワークを用いる場合は微分の計算をアルゴリズム化することができ、これを**誤差逆伝播法** (back propagation) といいます。これが高速な実装を実現します。このアルゴリズムは後ほど説明します。また、確率的勾配降下法に限らず様々な勾配降下法の進化形があり、素朴な勾配法だけではなく、それらが使われることも多いので注意しましょう。様々な勾配法についてまとめた文献に [29] や [28] があります。また、原論文（上記の文献 [28,29] の参考文献にあります）も無料で読むことができます。

036 / 第 2 章 / 機械学習の一般論

COLUMN

確率論と情報理論

　本文の説明にあるように、機械学習の理論を展開するために確率論と情報理論は欠かすことができません。本コラムではいくつかの重要な概念を説明します。

同時確率と条件付き確率

　本文にもある通り、機械学習の方法ではしばしば、入力値 $\vec{x}$ と教師信号 $\vec{d}$ についての確率を考える場合があります。この二つの変数についての出現確率を表すのが、**同時確率**です。これを

$$P(\vec{x}, \vec{d}) \tag{2.3.8}$$

と書きましょう。当然

$$1 = \sum_{\vec{x}} \sum_{\vec{d}} P(\vec{x}, \vec{d}) \tag{2.3.9}$$

が成り立ちます。ここで $\sum$ は $\vec{x}, \vec{d}$ が離散量の場合は和のままであり、連続量の場合は積分に置き換えます。

　$\vec{x}$ の値は気にしない（見ない）ことにして、$\vec{d}$ の確率を考えたいときもあるでしょう。それは

$$P(\vec{d}) = \sum_{\vec{x}} P(\vec{x}, \vec{d}) \tag{2.3.10}$$

で表せることになります。和をとる操作を周辺化 (marginalization) といい、この確率 $P(\vec{d})$ を**周辺確率**といいます。

　場合によっては $\vec{x}, \vec{d}$ のうち片方は既に決定している場合がありえます。これをそれぞれ

$$P(\vec{x}|\vec{d}): \vec{d}\text{ が決定している場合の }\vec{x}\text{ の確率} \tag{2.3.11}$$

などと表します。これを**条件付き確率** (conditioned probability) と言います。この場合 $\vec{d}$ は固定量とみなすため、

$$1 = \sum_{\vec{x}} P(\vec{x}|\vec{d}) \tag{2.3.12}$$

ということになりますが、実は

$$P(\vec{x}|\vec{d}) = \frac{P(\vec{x}, \vec{d})}{P(\vec{d})} = \frac{P(\vec{x}, \vec{d})}{\sum_{\vec{X}} P(\vec{X}, \vec{d})} \tag{2.3.13}$$

と表せることがわかります。分子はもとの同時確率を用いていますが、それを $\vec{d}$ が固定されたときのために再規格化したものとみなせます。「外部磁場」がかかっているときの統計力学をご存知の方は、自由度を $\vec{x}$、外部磁場を $\vec{d}$ と捉えると、この概念はわかりやすいでしょう。ところで、$\vec{x}$ と $\vec{d}$ の役割を入れ替えても同じ理由から同等のことが成り立ちます。

$$P(\vec{d}|\vec{x}) = \frac{P(\vec{x}, \vec{d})}{P(\vec{x})} = \frac{P(\vec{x}, \vec{d})}{\sum_{\vec{D}} P(\vec{x}, \vec{D})} \tag{2.3.14}$$

ここで右辺の分子が (2.3.13) と (2.3.14) で共通していることに注目すると、

$$P(\vec{x}|\vec{d})P(\vec{d}) = P(\vec{d}|\vec{x})P(\vec{x}) = P(\vec{x}, \vec{d}) \qquad (2.3.15)$$

が成り立ちます。これを**ベイズの定理** (Bayes' theorem) と呼び、本書で
しばしば用います。

▎ **モンティ・ホール問題と条件付き確率** ▎ ここで悪名高い確率論の問
題を紹介しましょう。三つある箱のうちどれか一つだけに賞金が入ってい
るとします。それぞれの箱の中身を x_1, x_2, x_3 とします。考えうる組み合
わせは

$$
\begin{aligned}
(x_1 = \bigcirc, \quad x_2 = \times, \quad x_3 = \times) \\
(x_1 = \times, \quad x_2 = \bigcirc, \quad x_3 = \times) \\
(x_1 = \times, \quad x_2 = \times, \quad x_3 = \bigcirc)
\end{aligned}
\qquad (2.3.16)
$$

ですので、公正に $1/3$ ずつの確率を割り振るのがよいでしょう。

$$P(x_1, x_2, x_3) = \frac{1}{3} \qquad (2.3.17)$$

この状態で、あなたはどれかの箱を指定します。今の段階ではどの箱も対
等なので、x_1 を指定するとしましょう。当たっている確率 $1/3$、外れてい
る確率 $2/3$ です。

$$P(x_1 = \bigcirc) = \frac{1}{3}, \quad P(x_1 = \times) = \frac{2}{3}. \qquad (2.3.18)$$

これは、x_1 以外の確率を足し上げたことになるため、まさしく周辺確率
です。

さて、ここでまだあなたは x_1 の箱を開けません。そのかわりに司会者が
いて、彼はすべての箱の中身を知ってるとします。司会者は残る x_2, x_3 で

コラム　確率論と情報理論　　　**039**

外れている方を開きます。すると、結局残るのは、あなたが選んだ x_1 と、司会者が開けなかった x_2, x_3 のどちらかになりますが、ここであなたは二度目の選択、「今選んでいる x_1 に留まるべきか、司会者が開けなかった方の箱に選び直すべきか」を迫られる、というわけです。これがモンティ・ホール問題です。条件付き確率を考慮に入れてこの問題を解いてみましょう。まず

$$P(x_2 \text{ か } x_3 = \bigcirc \,|\, x_1 = \bigcirc) = 0 \tag{2.3.19}$$

でしょう。これは一つの箱にしか当たりがない設定上明らかです。一方で

$$
\begin{aligned}
&P(x_2 \text{ か } x_3 = \bigcirc \,|\, x_1 = \times) \\
&= \underbrace{P\big((x_2, x_3) = (\bigcirc, \times)\big|x_1 = \times\big)}_{\frac{P\big((x_1, x_2, x_3) = (\times, \bigcirc, \times)\big)}{P(x_1 = \times)}} + \underbrace{P\big((x_2, x_3) = (\times, \bigcirc)\big|x_1 = \times\big)}_{\frac{P\big((x_1, x_2, x_3) = (\times, \times, \bigcirc)\big)}{P(x_1 = \times)}} \\
&= \frac{1/3}{2/3} + \frac{1/3}{2/3} = \frac{1}{2} + \frac{1}{2} = 1
\end{aligned} \tag{2.3.20}
$$

となり、この場合は必ず当たります。すると、箱の選択を変えて当たる確率は

$$
\begin{aligned}
&P(\text{変更後} = \bigcirc) \\
&= \underbrace{P(x_2 \text{ か } x_3 = \bigcirc \,|\, x_1 = \bigcirc)}_{0} \underbrace{P(x_1 = \bigcirc)}_{1/3} \\
&\quad + \underbrace{P(x_2 \text{ か } x_3 = \bigcirc \,|\, x_1 = \times)}_{1} \underbrace{P(x_1 = \times)}_{2/3} \\
&= \frac{2}{3}
\end{aligned} \tag{2.3.21}
$$

となり、変えない場合の $P(x_1 = \bigcirc) = 1/3$ に比べ当たる確率が上がっているわけですから、答えは「変えるべきだ」ということになります。もっと単純に、

$$P(変更前 = \bigcirc) = P(x_1 = \bigcirc) = \frac{1}{3} \tag{2.3.22}$$

であることと

$$P(変更前 = \bigcirc) + P(変更後 = \bigcirc) = 1 \tag{2.3.23}$$

であることを考慮しても

$$P(変更後 = \bigcirc) = \frac{2}{3} \tag{2.3.24}$$

となります。こうしてみると簡単な問題ですが、一見、司会者が何をしようとどれかが $1/3$ で当たる確率は変わらないのだから、変えても変えなくても結果は同じ、と思い込んでしまいます。確かに司会者は元の確率 $1/3$ に干渉することはないのですが、情報が追加される場合は、元の確率ではなく、条件付き確率を考えなくてはならないわけです[17]。それを教えてくれるという意味では、良問なのです。

相対エントロピー

本文中で相対エントロピー D_{KL} を導入しました。この量は機械学習分

---

[17]……実際、例えば近所にお気に入りの定食屋があったとしても、ものすごく美味しいという別の店のうわさを聞けばそちらの店に行ってみようという気になりますが、条件つき確率を考えることはこの素朴な感覚に近いものがあります。

コラム　確率論と情報理論　　　041

野における最も重要な関数の一つです。ここでは本文中で引用したその性質、すなわち確率分布 $p(x), q(x)$ があったとき、$D_{KL}(p||q) \geq 0$ であることと、$D_{KL}(p||q) = 0$ のときに限り確率分布が一致すること $p(x) = q(x)$ を示します。また、練習問題として、ガウス分布での計算例と、その背後にある思いがけない幾何学的構造について説明します。

定義と性質

$p(x), q(x)$ を確率分布としたとき、

$$D_{KL}(p||q) := \int dx \, p(x) \log \frac{p(x)}{q(x)} \tag{2.3.25}$$

と定義しましょう。これを**相対エントロピー**と呼びます。相対エントロピーは

$$D_{KL}(p||q) \geq 0, \quad D_{KL}(p||q) = 0 \Leftrightarrow \forall x, \, p(x) = q(x) \tag{2.3.26}$$

を満たします。

　上記の性質を確認する方法はいくつかありますが、このコラムでは以下のような性質に注目します：

$$D_{KL}(p||q) = \int dx \, \left[p(x) \log \frac{p(x)}{q(x)} + q(x) - p(x) \right] \tag{2.3.27}$$

ここで $\int dx \, q(x) = \int dx \, p(x) = 1$ であることを使いました。単に 1 を足して 1 を引いたわけです。すると、さらに

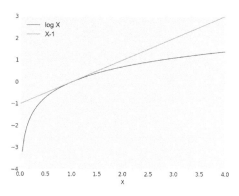

図 2.3 緑：$(X-1)$、青：$\log X$ のグラフ。

$$(2.3.27) = \int dx\, p(x) \Big[\Big(\frac{q(x)}{p(x)} - 1\Big) - \log \frac{q(x)}{p(x)}\Big] \quad (2.3.28)$$

と変形できます。ところで

$$(X-1) \geq \log X \quad (2.3.29)$$

ですから（**図 2.3** 参照）、(2.3.28) の被積分関数は常に 0 以上になります。ゼロ以上のものを積分するので

$$D_{KL}(p||q) \geq 0 \quad (2.3.30)$$

が示せました。次に等号成立ですが、それは (2.3.29) の等号が成立するとき ($X = 1$) に成り立つでしょう。これはすべての点 x で

$$\frac{q(x)}{p(x)} = 1 \quad (2.3.31)$$

コラム　確率論と情報理論　　　**043**

を意味するので、(2.3.26) が成り立つことがわかります。

▌　**ガウス分布の例**　▌　相対エントロピーの感覚をつかむために**ガウス分布**

$$\frac{1}{\sqrt{2\pi}\sigma}e^{-\frac{1}{2\sigma^2}(x-\mu)^2} \tag{2.3.32}$$

に限定して相対エントロピーを求めてみましょう。ここでは

$$p(x) = \frac{1}{\sqrt{2\pi}\sigma_p}e^{-\frac{1}{2\sigma_p^2}(x-\mu_p)^2} \tag{2.3.33}$$

$$q(x) = \frac{1}{\sqrt{2\pi}\sigma_q}e^{-\frac{1}{2\sigma_q^2}(x-\mu_q)^2} \tag{2.3.34}$$

とします。すると定義により

$$
\begin{aligned}
D_{KL}(p\|q) &= \int_{-\infty}^{\infty} dx\, p(x) \Big(\log\frac{\sigma_q}{\sigma_p} - \frac{1}{2\sigma_p^2}(x-\mu_p)^2 + \frac{1}{2\sigma_q^2}(x-\mu_q)^2 \Big) \\
&= \log\frac{\sigma_q}{\sigma_p} - \frac{1}{2\sigma_p^2}(\sigma_p)^2 + \frac{1}{2\sigma_q^2}\int_{-\infty}^{\infty} dx\, p(x) \\
&\qquad\qquad\qquad\qquad \underbrace{(x-\mu_q)^2}_{(\mu_p-\mu_q)^2+2(\mu_p-\mu_q)(x-\mu_p)+(x-\mu_p)^2} \\
&= \log\frac{\sigma_q}{\sigma_p} - \frac{1}{2\sigma_p^2}(\sigma_p)^2 + \frac{1}{2\sigma_q^2}\Big((\mu_p-\mu_q)^2 + 0 + \sigma_p^2\Big) \\
&= \frac{1}{2}\Big(-\log\frac{\sigma_p^2}{\sigma_q^2} + (\frac{\sigma_p^2}{\sigma_q^2} - 1) + \frac{1}{\sigma_q^2}(\mu_p-\mu_q)^2 \Big) \tag{2.3.35}
\end{aligned}
$$

となるのがわかります。二段目ではテイラー展開を施しました。この値が
正の値であることは、やはり (2.3.29) を使って示すことができます。

044 第 2 章 機械学習の一般論

┃ ガウス分布と AdS 時空 ┃ 相対エントロピーの定義は、確率分布の間
の「距離」を表しているように見えます。距離があるということは、確率
分布一つ一つが点に対応し、それを集めると「空間」のようになると考え
られます[18]。実際、上記のガウス分布の例では、平均 μ は $(-\infty, +\infty)$ の
間、σ は $(0, \infty)$ の間に値をとればどんな値でもよいので、ガウス分布全体
は「空間」$(-\infty, +\infty) \times (0, +\infty)$ とみなすことができます。この場合の
「微小距離」を相対エントロピーから求めてみましょう。それにはつまり

$$\sigma_p = \sigma, \quad \mu_p = \mu \tag{2.3.36}$$

を基準とし

$$\sigma_q = \sigma + d\sigma, \quad \mu_q = \mu + d\mu \tag{2.3.37}$$

であるとします。この場合の相対エントロピーを $d\sigma, d\mu$ の 2 次までで求
めてみると

$$
\begin{aligned}
D_{KL}(p||q) &= \frac{1}{2}\Big(-\log \frac{\sigma^2}{(\sigma + d\sigma)^2} + (\frac{\sigma^2}{(\sigma + d\sigma)^2} - 1) \\
&\quad + \frac{1}{(\sigma + d\sigma)^2}(\mu - \mu - d\mu)^2 \Big) \\
&= \frac{1}{2}\Big(\log(1 + \frac{d\sigma}{\sigma})^2 + (\frac{1}{(1 + \frac{d\sigma}{\sigma})^2} - 1) + \frac{1}{\sigma^2(1 + \frac{d\sigma}{\sigma})^2}d\mu^2 \Big) \\
&\approx \frac{1}{2}\Big(2\frac{d\sigma}{\sigma} - \frac{d\sigma^2}{\sigma^2} + \Big(1 - 2\frac{d\sigma}{\sigma} + 3\frac{d\sigma^2}{\sigma^2} - 1\Big) + \frac{d\mu^2}{\sigma^2} \Big) \\
&= \frac{1}{2}\Big(2\frac{d\sigma^2}{\sigma^2} + \frac{d\mu^2}{\sigma^2} \Big) = \frac{d\sigma^2 + d\tilde{\mu}^2}{\sigma^2}
\end{aligned}
\tag{2.3.38}
$$

★18......情報幾何と呼ばれる分野では、まさにこの視点を使います。

コラム　確率論と情報理論　　**045**

のようになります（最後の式では $\tilde{\mu} = \mu/\sqrt{2}$ としました）。これは双曲面の計量であり、**反ド・シッター時空**（Anti de-Sitter, AdS 時空）と呼ばれる時空の計量の一部です。反ド・シッター時空は近年の超弦理論における、**AdS/CFT 対応**[19] と呼ばれる現象で重要な役割を果たす時空ですが、ガウス分布の空間にもこのような「隠された」反ド・シッター時空があるのは興味深いことです。反ド・シッター時空はその無限遠境界で計量が発散する（距離が無限に引き伸ばされる）性質を持ちます。今の文脈ではそれは $\sigma \approx 0$ に対応しますが、これがガウス分布の分散だったことを思い出すと、この特異な振る舞いの由来は明らかです。なぜなら、ガウス分布の分散を 0 に持っていく極限はディラックのデルタ関数に対応するため、これはもはや通常の意味の関数ではなくなるからです。第 12 章では AdS/CFT 対応と機械学習を関連付ける研究を紹介します。

---

[19]······CFT (conformal field theory) は「共形場理論」の略で、場の量子論の一種です。

第3章

ニューラルネットワークの基礎

　さて、いよいよニューラルネットワークを用いた教師つき学習の説明に移ります。既に数多く存在する深層学習の教科書とは異なり、この章では古典統計物理を用いた説明を行います[★1]。

3.1　誤差関数とその統計力学的理解

　誤差関数とは、前章の (2.2.1) や (2.2.2) で導入した誤差の log の項に対応する量です。先に誤差関数を考えてから汎化誤差や経験誤差を論じるのが、頻繁に見られる説明の方向ですが、今回は (2.2.1) や (2.2.2) を出発点として、様々な**教師つき学習**の問題設定を適切な統計力学系として考えることで、各問題に適切な誤差関数が導かれることを説明します。またその過程で深層学習で使われるシグモイド関数などの非線形関数の構造が自然に現れてくることを見ます。さらに、深層学習でよく使われる ReLU 関数の起源を統計力学の立場から説明することで、深層化への足がかりとします。

　★1……従来の説明は、[29–31] が参考になるので、補完して比較すると理解が深まるでしょう。

3.1.1 ハミルトニアンからニューラルネットワークへ

2値分類　先程の教師つきデータの例を見てみましょう。**図 3.1** をみると、$\vec{x} = (x, y)$ の x の値が 0.5 を超えるかそうでないかで $d = 0$ か $d = 1$ かが決定されているように見えます。言い換えると、$\vec{x}$ と d が相関しているように見えます。

このような相関を物理系を用いて表現することを考えてみましょう。物理系を規定するものは**ハミルトニアン**であり、ハミルトニアンは力学的自由度の関数として書かれています[★2]。もし、物理系にいくつかの力学的自由度 $A_i(t)$ $(i = 1, 2, \cdots)$ が存在している場合は、ハミルトニアン H はこれらの関数で与えられます（正確には、$A_i(t)$ が関数なので、H は関数の関数、すなわち汎関数と呼びます）。例えば、$A_1(t)$ はある質点の座標 $x(t)$ を表し、$A_2(t)$ がその運動量 $p(t)$ を表す場合、調和振動子のハミルトニアンは

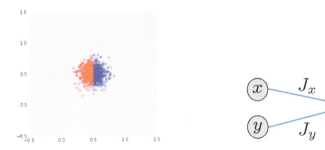

図 3.1　左：教師つきデータの例（$d[i] = 0$ が赤、$d[i] = 1$ が青に対応）、右：モデルハミルトニアン (3.1.6) の図。

★2……ここで解析力学を未習の読者は、力学的自由度を座標（や運動量）、ハミルトニアンをエネルギーに読み替えても大きな問題はありません。

$$H = \frac{1}{2}p(t)^2 + \frac{1}{2}x(t)^2 \tag{3.1.1}$$

と書かれます。ここで、質点の質量や角振動数は簡単のために1と置きました。質点が二つある場合は、ハミルトニアンはそれぞれの和として表され、

$$H = \frac{1}{2}p_1(t)^2 + \frac{1}{2}x_1(t)^2 + \frac{1}{2}p_2(t)^2 + \frac{1}{2}x_2(t)^2 \tag{3.1.2}$$

とするのが自然です。しかし、この場合は、二つの粒子は相関していません。それぞれが自由な粒子として振る舞い、エネルギーすなわちハミルトニアンは、それぞれのエネルギーの単なる和になっています。二つの粒子が相関するとは、例えば、第一の粒子と第二の粒子の間に力が働くということです。もしこの力の大きさが、二つの粒子の間の距離に比例すれば、ハミルトニアンにはさらに

$$\Delta H = c \left(x_1(t) - x_2(t) \right)^2 \tag{3.1.3}$$

という項が加わるでしょう。この括弧を展開すると、$cx_1(t)x_2(t)$ という、二つの粒子の力学的自由度の積で表される項が入っています。これが、二つの相関を表すわけです。まとめると、相関があるということは一般に、ハミルトニアンの中に自由度がかけ合わさった項があることで表されるのです。相関の強さは、積の項の係数 c で表されています。この係数を**結合定数** (coupling constant) と呼びます。

　さて、物理系が与えられたとき、その統計力学的な振る舞いは一般にどのように書けるのでしょうか。物理系が温度 T の熱浴に接している場合、その物理系は熱浴からエネルギーをもらったりして、**ボルツマン分布**（Boltzmann distribution、一般にはカノニカル分布〔canonical distribution〕）と呼ばれるエネルギー分布を持ちます。エネルギー E を持った状態が実現される確率 P は

$$P = \frac{1}{Z} \exp\left[-\frac{E}{k_{\mathrm{B}}T}\right] \tag{3.1.4}$$

と与えられます。ここで k_{B} はボルツマン定数、Z は分配関数と呼ばれるもので、

$$Z = \sum_{\text{すべての状態}} \exp\left[-\frac{H}{k_{\mathrm{B}}T}\right] \tag{3.1.5}$$

と与えられ、P を確率として全確率が 1 となるように規格化するためのものです。簡単な例については、この章の章末コラムや、第 5 章の章末コラムを参照してください。

物理系の統計力学的な記述の紹介が終わったところで、教師つきデータの例である図 3.1 に戻りましょう。$\vec{x}$ と d が相関しているように見えるため、まず、物理系として $\vec{x}$ を外場、d を力学的自由度とする統計力学を考えてみましょう。簡単のために d について 1 次の項のみ入れることにし、最も単純なハミルトニアンを書いてみると

$$H_{J,\vec{x}}(d) = -(xJ_x + yJ_y + J)d \tag{3.1.6}$$

となります。ここで J_x, J_y, J は結合定数です。この「物理系」を用いてモデル $Q_J(\vec{x}, d)$ を作ってみましょう。まず、(3.1.6) から d についてのボルツマン分布を作ることが考えられます。[★3]

$$Q_J(d|\vec{x}) = \frac{e^{-H_{J,\vec{x}}(d)}}{Z} = \frac{e^{(xJ_x + yJ_y + J)d}}{\sum_{\tilde{d}=0}^{1} e^{(x^\mu J_\mu + J)\tilde{d}}} = \frac{e^{(xJ_x + yJ_y + J)d}}{1 + e^{(x^\mu J_\mu + J)}} \tag{3.1.7}$$

★3……ボルツマン分布ではハミルトニアンを温度で割った $H/(k_{\mathrm{B}}T)$ の因子が指数の肩に乗っていますが、ここでは簡単のため、結合定数 J を $Jk_{\mathrm{B}}T$ のように再定義して温度の部分を吸収し、因子に温度は現れないと考えます。

050 第 3 章 ニューラルネットワークの基礎

ここで、**シグモイド** (sigmoid) **関数**と呼ばれる

$$\sigma(X) = \frac{1}{e^{-X} + 1} \tag{3.1.8}$$

という関数を導入する[★4] と

$$Q_J(d = 1|\vec{x}) = \sigma(xJ_x + yJ_y + J) \tag{3.1.9}$$

$$Q_J(d = 0|\vec{x}) = 1 - \sigma(xJ_x + yJ_y + J) \tag{3.1.10}$$

と書けます。$\vec{x}$ は与えられたものとしていますが、データ生成確率 $P(\vec{x}, d)$ の存在を認めると、

$$P(\vec{x}) = P(\vec{x}, d = 0) + P(\vec{x}, d = 1) \tag{3.1.11}$$

に従って生成されるはずなので、これを使って

$$Q_J(\vec{x}, d) = Q_J(d|\vec{x})P(\vec{x}) \tag{3.1.12}$$

と定義してみましょう。

これでモデルはできたことにして、実際に結合定数 J_x, J_y, J を調節（学習）して真の分布 $P(\vec{x}, d)$ をまねることを考えましょう。相対エントロピー (2.2.1) は (3.1.12) 等の設定から

[★4]……シグモイド関数がフェルミ分布関数に似ているのは、いまの系で d が二値（ビット）に値をとることから理解できます。$d = 0$ がフェルミオンが占有されていない状態（空孔状態）、$d = 1$ がフェルミオン励起がある状態に対応します。

$$D_{KL}(P||Q_J) = \sum_{\vec{x},d} P(\vec{x},d) \log \frac{P(d|\vec{x})}{Q_J(d|\vec{x})}$$

$$= -\sum_{\vec{x},d} P(\vec{x},d) \log Q_J(d|\vec{x}) + (J \text{ に依存しない部分})$$

$$(3.1.13)$$

となるのがわかりますので、勾配法を使う場合第 1 項だけに注目し[★5]、これをなるべく小さくできればよいことになります。最後にこれをデータ（経験確率 $\hat{P}$）で近似すると (3.1.9), (3.1.10) などを用いて

(3.1.13) の第 1 項

$$\approx -\sum_{i:\vec{\tau}-\vec{\tau}} \frac{1}{\#} \log Q_J(d[i] \mid \vec{x}[i])$$

$$= \frac{1}{\#} \sum_{i:\vec{\tau}-\vec{\tau}} \left(-\left[d[i] \log \left\{ \sigma(x[i]J_x + y[i]J_y + J) \right\} \right. \right.$$

$$\left. \left. + (1 - d[i]) \log \left\{ 1 - \sigma(x[i]J_x + y[i]J_y + J) \right\} \right] \right)$$

$$(3.1.14)$$

となります。$\#$ はデータの数を意味します。結局、この値を J を調節して減らしていく行為を「学習」と呼んでいるわけです。

ところで J_x, J_y, J と入力データ $\vec{x}[i]$ を固定したときの出力の期待値はどんなものでしょうか。計算してみると

★5……ちなみに (3.1.13) の（J に依存しない部分）に相当する $-\sum P(\vec{x},d) \log P(d|\vec{x})$ は条件付きエントロピーと呼ばれます。相対エントロピーの正定値性から、(3.1.13) の第 1 項はこの条件付きエントロピー程度までしか小さくできないはずです。もし第 1 項を近似した (3.1.14) がこれより小さくなった場合、それは明らかに過学習のシグナルですが、この量を実際に計算するのは困難です。これ以後はこの項は無視します。

$$\langle d \rangle_{J,\vec{x}[i]} = \sum_{d=0,1} d \cdot Q_J(d|\vec{x}[i]) = Q_J(d=1|\vec{x}[i]) = \sigma(x[i]J_x + y[i]J_y + J)$$

$$(3.1.15)$$

となるのがわかります。これを機械の「出力値」とみなします。さらに**交差エントロピー**と呼ばれる以下の関数

$$L(X, d) = -\Big[d \log X + (1-d) \log(1-X) \Big] \qquad (3.1.16)$$

を用いると、結局 (3.1.14) の最小化は、入力データを $\vec{x}[i]$ としたときの機械の出力値 $\langle d \rangle_{J,\vec{x}[i]}$ と教師信号 $d[i]$ の間の**誤差関数**

$$L(\langle d \rangle_{J,\vec{x}[i]}, \ d[i]) \qquad (3.1.17)$$

を各データ $(\vec{x}[i], d[i])$ ごとに、勾配法などを用いて J_x, J_y, J を調整することで、なるべく小さくするということになります。深層学習では確率的勾配降下法を用いるため、この誤差関数の J_x, J_y, J に関する勾配を計算する必要があります。ここでの例は「1 層」のシステムなので勾配計算は簡単ですが、後に導入する深層ニューラルネットワークはもう少し複雑な構造となるので、うまい勾配計算の方法がないと計算時間を消費してしまいます。幸いなことに、ネットワーク構造に由来した効果的な勾配計算方法が存在します。このことについても後に説明します。

▎ 多値分類 ▎ 次に教師信号が $\vec{d} = (d^1, d^2, d^3, d^4)$ であるとして、$\sum_{I=1}^{4} d^I = 1$ とし、d^1：青である確率、d^2：赤である確率、d^3：緑である確率、d^4：黒である確率、としてみましょう。d が 4 成分に増えたため、モデルのハミルトニアンも

$$H_{J,\vec{x}}(\vec{d}) = -\sum_{I=1}^{4} (xJ_{xI} + yJ_{yI} + J_I)d^I \qquad (3.1.18)$$

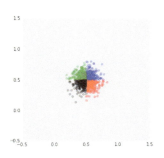 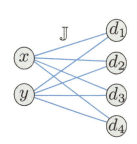

図 3.2 左：$(1, 0, 0, 0)$：青、$(0, 1, 0, 0)$：赤、$(0, 0, 1, 0)$：緑、$(0, 0, 0, 1)$：黒。右：ハミルトニアン (3.1.18) の模式図。

とするのがよいでしょう。ところで以後、和の記号を書くのが煩わしいので、行列による表記を使いましょう。$\mathbb{J} = (J_{xI}, J_{yI})$（4 × 2 行列），$\vec{J} = (J_1, J_2, J_3, J_4)$（4 次元ベクトル）、$\vec{x} = (x, y)$（2 次元ベクトル）とし

$$H_{J,\vec{x}}(\vec{d}) = -\vec{d} \cdot (\mathbb{J}\vec{x} + \vec{J}) \tag{3.1.19}$$

このときのボルツマン重みは

$$Q_J(\vec{d}|\vec{x}) = \frac{e^{-H_{J,\vec{x}}(\vec{d})}}{Z} = \frac{e^{\vec{d} \cdot (\mathbb{J}\vec{x} + \vec{J})}}{e^{(\mathbb{J}\vec{x} + \vec{J})_1} + e^{(\mathbb{J}\vec{x} + \vec{J})_2} + e^{(\mathbb{J}\vec{x} + \vec{J})_3} + e^{(\mathbb{J}\vec{x} + \vec{J})_4}} \tag{3.1.20}$$

ここでシグモイド関数の拡張となっている**ソフトマックス** (softmax) **関数**と呼ばれる以下の関数を導入します。

$$\sigma_I(\vec{X}) = \frac{e^{X_I}}{\sum_J e^{X_J}} \tag{3.1.21}$$

ソフトマックス関数を用いると、

$$Q_J(d^I = 1|\vec{x}) = \sigma_I(\mathbb{J}\vec{x} + \vec{J}) \tag{3.1.22}$$

と書けます。教師信号が一つの場合と同じく、モデルを

$$Q_J(\vec{x}, \vec{d}) = Q_J(d^I|\vec{x})P(\vec{x}) \tag{3.1.23}$$

とし、相対エントロピーの最小化を考えると

$$D_{KL}(P\|Q_J) = -\sum_{\vec{x}, \vec{d}} P(\vec{x}, d) \log Q_J(\vec{d}|\vec{x}) + (J \text{ に依存しない部分}) \tag{3.1.24}$$

となり、

$$(3.1.24) \text{ の第 1 項} \approx -\sum_{i:\vec{\tau} - \phi} \frac{1}{\#} \log Q_J(\vec{d}[i] \mid \vec{x}[i])$$

$$= \frac{-1}{\#} \sum_{i:\vec{\tau} - \phi} \sum_{I=1}^{4} d_I[i] \log \sigma_I(\mathbb{J}\vec{x}[i] + \vec{J}) \tag{3.1.25}$$

と書けます。先ほどと同じように $\vec{d}$ の I 成分についての期待値を考えてみますと

$$\langle d_I \rangle_{J, \vec{x}[i]} = \sum_{\vec{d}} d_I \cdot Q_J(\vec{d} \mid \vec{x}[i])$$

$$= Q_J(d_I = 1 \mid \vec{x}[i]) = \sigma_I(\mathbb{J}\vec{x}[i] + \vec{J}) \tag{3.1.26}$$

となります。そこで交差エントロピー[6]

―――――――――――

[6]……本質的には (3.1.16) と同じです。全く同じにするには、(3.1.16) で $\vec{d} = (d, 1 - d)$ とします。

$$L(\vec{X}, \vec{d}) = -\sum_{I=1}^{4} d_I \log X_I \tag{3.1.27}$$

を導入すれば、結局 (3.1.25) の最小化は誤差関数

$$L(\langle \vec{d} \rangle_{\mathbb{J}, \vec{x}[i]}, \vec{d}[i]) \tag{3.1.28}$$

をデータごとに減らすような行列 $\mathbb{J}$、ベクトル $\vec{J}$ を探索することになります。

▎**回帰 (その 1)** ▎ 場合によっては $d \in [-\infty, \infty]$ のような実数のこともあります。このとき、ここまでと同様のアプローチをとるならば、**図 3.3** のように実数自由度に対するハミルトニアンを定義することになりますが、

$$H_{J, \vec{x}}(d) = \frac{1}{2}\Big(d - (\mathbb{J}\vec{x} + J)\Big)^2 \tag{3.1.29}$$

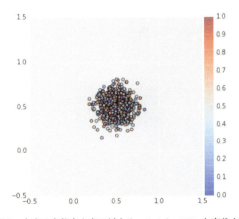

図 **3.3** 今度は実数自由度に対するハミルトニアンを定義する。

とすると

$$Q_J(d|\vec{x}) = \frac{e^{-\frac{1}{2}\left(d-(\mathbb{J}\vec{x}+J)\right)^2}}{Z} = \frac{e^{-\frac{1}{2}\left(d-(\mathbb{J}\vec{x}+J)\right)^2}}{\sqrt{2\pi}} \tag{3.1.30}$$

とガウス分布となります。この場合、d の期待値はガウス分布の平均値なので

$$\langle d \rangle_{J,\vec{x}[i]} = \mathbb{J}\vec{x}[i] + J \tag{3.1.31}$$

となり、誤差関数は単純にこの対数をとることになり

$$L(\langle d \rangle_{J,\vec{x}[i]}, \ d[i]) = \frac{1}{2}\left(d[i] - \langle d \rangle_{J,\vec{x}[i]}\right)^2 \tag{3.1.32}$$

と、二乗誤差となります。これは**線形回帰**となります。

■ **回帰 (その 2)** ■ $d \in [0, \infty)$ の場合は、もう少し面白い有効なモデル化が知られています。そのために、Rectified Linear Unit (ReLU) [32] と呼ばれる補助的な N_{bits} 自由度 $\{h_{\text{bit}}^{(u)}\}_{u=1,2,\ldots,N_{\text{bits}}}$ と二つのハミルトニアンを考えます：

$$H_{J,\vec{x}}(\{h_{\text{bit}}^{(u)}\}) = -\sum_{u=1}^{N_{\text{bits}}} (\mathbb{J}\vec{x} + J + 0.5 - u)h_{\text{bit}}^{(u)} \tag{3.1.33}$$

$$H_h(d) = \frac{1}{2}(d-h)^2, \tag{3.1.34}$$

(3.1.33) は (3.1.6) を J をずらしながら N_{bits} 個足したもので[7]、(3.1.34) は二乗誤差を与えるハミルトニアンです。また、

$$h = \sum_{u=1}^{N_{\mathrm{bits}}} h_{\mathrm{bit}}^{(u)} \tag{3.1.35}$$

としますが、(3.1.34) で h は外場として扱います。するとそれぞれのボルツマン分布から

$$Q_J(\{h_{\mathrm{bit}}^{(u)}\}|\vec{x}) = \prod_{u=1}^{N_{\mathrm{bits}}} \left\{ \begin{array}{ll} \sigma(\mathbb{J}\vec{x} + J + 0.5 - u) & (h_{\mathrm{bit}}^{(u)} = 1) \\ 1 - \sigma(\mathbb{J}\vec{x} + J + 0.5 - u) & (h_{\mathrm{bit}}^{(u)} = 0) \end{array} \right\} \tag{3.1.36}$$

$$Q(d|h) = \frac{e^{-\frac{1}{2}(d-h)^2}}{\sqrt{2\pi}} \tag{3.1.37}$$

となります。この二つから条件付き確率を

$$Q_J(d|\vec{x}) = \sum_{\{h_{\mathrm{bit}}^{(u)}\}} Q\left(d \middle| h = \sum_{u=1}^{N_{\mathrm{bits}}} h_{\mathrm{bit}}^{(u)}\right) Q_J(\{h_{\mathrm{bit}}^{(u)}\}|\vec{x}) \tag{3.1.38}$$

とします。すると

$$-\sum_{\vec{x},d} P(\vec{x},d) \log Q_J(d|\vec{x})$$

---

[7]……このように、パラメータを共有しつつ自由度だけを増やしていくと、h_{bit} のアンサンブルを取り扱うことに対応し、統計的な意味で精度が向上します。このことが性能の向上につながると考えられます [33]。ここではさらに J を 0.5 ずつずらしていますが、こうしておくと本文中に示してあるとおり、$\langle h \rangle$ がさらに簡単化するため、通常のアンサンブルを取り扱うよりも計算コストの面で優れていると言えます。

$$
\begin{aligned}
&\approx -\sum_{i:\vec{\tau}-\varphi} \frac{1}{\vec{\tau}-\varphi\text{数}} \log Q_J(d[i]|\vec{x}[i]) \\
&= \frac{-1}{\vec{\tau}-\varphi\text{数}} \sum_{i:\vec{\tau}-\varphi} \log\Big[\sum_{\{h_{\text{bit}}^{(u)}\}} Q\Big(d[i]\Big|h=\sum_{u=1}^{N_{\text{bits}}} h_{\text{bit}}^{(u)}\Big) Q_J(\{h_{\text{bit}}^{(u)}\}|\vec{x}[i])\Big]
\end{aligned}
$$
(3.1.39)

となりますが、$\vec{x}, d$ についての確率平均をデータ（P からのサンプル）平均に置き換えたように、$\log$ の中の $\{h_{\text{bit}}^{(u)}\}$ についての確率平均も $Q_J(\{h_{\text{bit}}^{(u)}\}|\vec{x}[i])$ からの平均に置き換えてみましょう。試しに、h の $Q_J(\{h_{\text{bit}}^{(u)}\}|\vec{x}[i])$ による平均を計算してみると

$$
\langle h \rangle_{J,\vec{x}[i]} = \sum_{\{h_{\text{bit}}^{(u)}\}} \Big(\sum_{u=1}^{N_{\text{bits}}} h_{\text{bit}}^{(u)}\Big) Q_J(\{h_{\text{bit}}^{(u)}\}|\vec{x}[i]) = \sum_{u=1}^{N_{\text{bits}}} \sigma(\mathbb{J}\vec{x} + J + 0.5 - u)
$$
(3.1.40)

となることが示せます。ところで $z = \mathbb{J}\vec{x} + J$ として、横軸 z についてこれをプロットしてみると、**図 3.4** の青色のようになります。

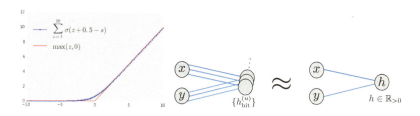

図 3.4 左：$N_{\text{bits}} = 10$ の例、$N_{\text{bits}} \to \infty$ は $\max(z, 0)$ に似ている。右：ReLU ユニットの模式図。

図からわかるように、h の期待値は bit 数を増やすと段々 $\max(\mathbb{J}\vec{x} + J, 0)$ に似てきます。それを $\sigma_{\text{ReLU}}(z) = \max(z, 0)$ と呼ぶことにし、思い切っ

てこれで近似してしまうと：

$$\langle h \rangle_{J,\vec{x}[i]} \approx \sigma_{\text{ReLU}}(\mathbb{J}\vec{x}[i] + J) \tag{3.1.41}$$

$$\sum_{\{h_{\text{bit}}^{(u)}\}} Q\Big(d[i]\Big|h = \sum_{u=1}^{N_{\text{bits}}} h_{\text{bit}}^{(u)}\Big) Q_J(\{h_{\text{bit}}^{(u)}\}|\vec{x}[i]) \approx Q\Big(d[i]\Big|h = \langle h \rangle_{J,\vec{x}[i]}\Big) \tag{3.1.42}$$

さらに誤差関数は

$$-\log Q\Big(d[i]\Big|h = \langle h \rangle_{J,\vec{x}[i]}\Big) \approx \frac{1}{2}\Big(d[i] - \sigma_{\text{ReLU}}(\mathbb{J}\vec{x}[i] + J)\Big)^2 \tag{3.1.43}$$

となります。

▌ **多成分の教師信号** ▐ 図 3.2 のような多成分ラベルにする場合以外にも、$d^I \in \{0,1\}$ としたり $d^I \in \mathbb{R}$ としたりしてもよいですが、その場合は σ や σ_{ReLU} を成分ごとに作用させた出力を考えることになります。

3.1.2 深層ニューラルネットワーク

上述の ReLU のように、ハミルトニアンを二つ使う方法を拡張すると、自然に深層化のアイデアにたどり着きます。**深層ニューラルネットワーク** (deep neural network) とは、**図 3.5** のように、入力と出力の間に複数の中間層を持つニューラルネットワークです。すなわち余分な自由度を $(N-1)$ 個用意し、対応した N 個のハミルトニアン

$$H^1_{J_1,\vec{x}}(\vec{h}_1) \tag{3.1.44}$$

$$H^2_{J_2,\vec{h}_1}(\vec{h}_2) \tag{3.1.45}$$

$$\cdots \tag{3.1.46}$$

$$H^N_{J_N, \vec{h}_{N-1}}(\vec{d}) \tag{3.1.47}$$

を考え、

$$Q_J(\vec{d}|\vec{x}) = \sum_{\vec{h}_1, \vec{h}_2, \dots, \vec{h}_{N-1}} Q_{J_N}(\vec{d}|\vec{h}_{N-1}) \dots Q_{J_2}(\vec{h}_2|\vec{h}_1) Q_{J_1}(\vec{h}_1|\vec{x})$$

$$\tag{3.1.48}$$

とし、和を平均に置き換える近似を入れると、

$$Q_J(\vec{d}|\vec{x}) \approx Q_{J_N}(\vec{d}|\langle \vec{h}_{N-1} \rangle), \quad \langle \vec{h}_{N-1} \rangle = \sigma_{N-1}(\mathbb{J}_{N-1}\langle \vec{h}_{N-2} \rangle + \vec{J}_{N-1})$$

$$\tag{3.1.49}$$

$$\langle \vec{h}_{N-2} \rangle = \sigma_{N-2}(\mathbb{J}_{N-2}\langle \vec{h}_{N-3} \rangle + \vec{J}_{N-2})$$

$$\tag{3.1.50}$$

$$\cdots$$

$$\langle \vec{h}_1 \rangle = \sigma_1(\mathbb{J}_1 \vec{x} + \vec{J}_1) \tag{3.1.51}$$

となることがわかります。ここで $\sigma_\bullet$ は対応したハミルトニアンから決まる関数（上記の σ や σ_{ReLU} など）で、**活性化関数** (activation function) と呼ばれます。

　こうしてみると、

1. $\mathbb{J}, \vec{J}$ による線形変換
2. 活性化関数による非線形変換

を繰り返した構造になっていることがわかります。繰り返し構造の各要素を**層** (layer) と呼びます。

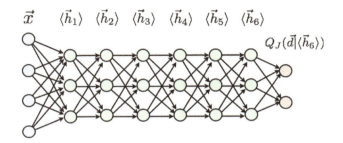

図 3.5 深層ニューラルネットワーク。各層の非線形関数 $\sigma_\bullet$ を作用させた出力値は、統計力学的な立場では期待値を表します。

また、データが一つ $(\vec{x}, \vec{d})$ 与えられたとし、相対エントロピーの近似値は

$$-\log Q_{J^N}(\vec{d}|\langle\vec{h}_{N-1}\rangle) = L(\vec{d}, \langle\vec{h}_N\rangle), \quad \langle\vec{h}_N\rangle = \sigma_N(\mathbb{J}_N\langle\vec{h}_N\rangle + \vec{J}_N) \tag{3.1.52}$$

のように書けます。簡単のために $\vec{J}$ の部分を略して書くと

$$\langle\vec{h}_N\rangle = \sigma_N\Big(\mathbb{J}_N\sigma_{N-1}\Big(\ldots\mathbb{J}_2\sigma_1(\mathbb{J}_1\vec{x})\ldots\Big)\Big) \tag{3.1.53}$$

と $\vec{d}$ の差を計算することになります。通常の深層学習の文脈では

$$\mathbb{J} = W \tag{3.1.54}$$
$$\vec{J} = \vec{b} \tag{3.1.55}$$

と表現される場合が多く、それぞれ重み (weight) W、バイアス (bias) $\vec{b}$ と呼ばれます。

ここまでで、ニューラルネットワークが「導出」されました。次の節では、いかに学習を進めるかを見ていきます。

3.2　ブラケット記法による誤差逆伝播法の導出

　ここでは有名なニューラルネットワークの**誤差逆伝播法** (back propagation)[★8] [34] を導いてみましょう。誤差逆伝播法は、合成関数の微分法と少々の線形代数の単なる組み合わせなのですが、ここでは量子力学で使う、ベクトル空間の元を**ケット** $|\bullet\rangle$、その双対を**ブラ** $\langle\bullet|$ で表す記法で「導出」してみましょう。

$$
\langle\vec{h_l}\rangle := \begin{pmatrix} \langle h_l^1 \rangle \\ \langle h_l^2 \rangle \\ \cdots \\ \langle h_l^{n_l} \rangle \end{pmatrix} = |h_l\rangle \tag{3.2.1}
$$

とし、

$$
|m\rangle = \begin{pmatrix} 0 \\ \vdots \\ 0 \\ 1 \\ 0 \\ \vdots \\ 0 \end{pmatrix} \leftarrow m\,\text{番目} \tag{3.2.2}
$$

という基底ベクトルを導入します[★9]。また簡単のため $\vec{J}$ に相当する部分は

[★8]……ちなみに、伝搬（でんぱん）と伝播（でんぱ）という二つの単語があります。実のところ元来は、伝播が正しいようです。現在では混在していますが、本書では伝播という単語に統一します。

[★9]……ここではどの $|h_l\rangle$ でも $|m\rangle$ を基底として取り扱っているので、すべての次元が同じ場合に対応しますが、(3.2.4) の和の記号で範囲を略さず書けば次元が異なる場合でも全く同じ議論をすることができます。

とりあえず無視することにすると、

$$\langle \vec{h_l} \rangle = \sigma_l(\mathbb{J}_l \langle \vec{h}_{l-1} \rangle), \quad (\text{成分ごとに活性化関数をかける}) \tag{3.2.3}$$

という式は

$$|h_l\rangle = \sum_m |m\rangle \sigma_l(\langle m|\mathbb{J}_l|h_{l-1}\rangle) \tag{3.2.4}$$

と書くことができます。さらに (3.2.4) のパラメータ $\mathbb{J}$ に関する「変分」は

$$\delta|h_l\rangle = \underbrace{\sum_m |m\rangle \sigma_l'(\langle m|\mathbb{J}_l|h_{l-1}\rangle)\langle m|}_{\mathbb{G}_l\text{と名付けることにしますと}} \Big(\delta\mathbb{J}_l|h_{l-1}\rangle + \mathbb{J}_l\delta|h_{l-1}\rangle \Big)$$

$$= \mathbb{G}_l \Big(\delta\mathbb{J}_l|h_{l-1}\rangle + \mathbb{J}_l\delta|h_{l-1}\rangle \Big) \tag{3.2.5}$$

と書けることになります。また、

$$\vec{d} = |d\rangle \tag{3.2.6}$$

と書くと、最終層の活性化関数を $\sigma_N(\langle m|z\rangle) = -\log\sigma_m(\vec{z})$ とすることで誤差関数に現れるソフトマックス交差エントロピーは

$$E = \langle d|h_N\rangle \tag{3.2.7}$$

と書くことができますし、二乗誤差を考えたい場合は σ_N は何でもよく、

$$E = \frac{1}{2}(|d\rangle - |h_N\rangle)^2 = \frac{1}{2}\langle h_N - d|h_N - d\rangle \tag{3.2.8}$$

と書けるため、いずれにせよ最終層の出力に関する変分は、

$$\frac{\delta E}{\delta |h_N\rangle} = \begin{cases} \langle d| \\ \langle h_N - d| \end{cases} =: \langle \delta_0| \qquad (3.2.9)$$

と、ブラベクトルで書けます。これを $\langle \delta_0|$ と呼ぶことにします。最終層出力ではなく、すべての $\mathbb{J}_l$ に関する誤差関数の変分をとってみると、(3.2.5) を繰り返し用いることによって、以下のように変形できます。

$$\delta E = \frac{\delta E}{\delta |h_N\rangle} \delta |h_N\rangle = \langle \delta_0| \underbrace{\delta |h_N\rangle}_{(3.2.5)\text{ で変形}}$$

$$= \underbrace{\langle \delta_0|\mathbb{G}_N}_{=: \langle \delta_1| \text{ と名付ける}} \left(\delta \mathbb{J}_N |h_{N-1}\rangle + \mathbb{J}_N \delta |h_{N-1}\rangle \right)$$

$$= \langle \delta_1|\delta \mathbb{J}_N|h_{N-1}\rangle + \langle \delta_1|\mathbb{J}_N \underbrace{\delta |h_{N-1}\rangle}_{(3.2.5)\text{ で変形}}$$

$$= \langle \delta_1|\delta \mathbb{J}_N|h_{N-1}\rangle + \underbrace{\langle \delta_1|\mathbb{J}_N\mathbb{G}_{N-1}}_{=: \langle \delta_2| \text{ と名付ける}} \left(\delta \mathbb{J}_{N-1}|h_{N-2}\rangle + \mathbb{J}_{N-1}\delta |h_{N-2}\rangle \right)$$

$$= \cdots$$

$$= \langle \delta_1|\delta \mathbb{J}_N|h_{N-1}\rangle + \langle \delta_2|\delta \mathbb{J}_{N-1}|h_{N-2}\rangle + \cdots + \langle \delta_N|\delta \mathbb{J}_1|h_0\rangle \quad (3.2.10)$$

ここで最後の $|h_0\rangle = \sum_m |m\rangle\langle m|x\rangle = \sum_m |m\rangle x^m$ は $\vec{x}$ のケット表示です。したがって、誤差関数の値を小さくしたければ、

$$\delta \mathbb{J}_l = -\epsilon |\delta_{N-l+1}\rangle\langle h_{l-1}| \qquad (3.2.11)$$

ととればよいことがわかります。なぜなら、こうとると

$$\delta E = -\epsilon \left(||\delta_1\rangle|^2 ||h_{N-1}\rangle|^2 + ||\delta_2\rangle|^2 ||h_{N-2}\rangle|^2 + \ldots ||\delta_N\rangle|^2 ||h_0\rangle|^2 \right)$$

(3.2.12)

となって、E の変化分が小さな負の数になるからです。これを様々なペア (x, d) で実行すればよいでしょう。ところで (3.2.11) の右辺は誤差関数 E の微分値のマイナス ϵ 倍なので、このことは前章で説明した確率的勾配降下法となっています。(3.2.10) の導出で人工的に導入したブラベクトル $\langle\delta_l|$ は漸化式

$$\langle\delta_l| = \langle\delta_{l-1}|\mathbb{J}_{N-l+2}\mathbb{G}_{N-l+1}$$

(3.2.13)

を満たすことになります (ただし $\mathbb{J}_{N+1} = 1$ とします) が、これは (3.2.4) に「似た」表式となります。誤差逆伝播法とは、(3.2.4)、(3.2.11) と (3.2.13) を組み合わせてすべての $\mathbb{J}_l$ に対する E の微分値を求めるアルゴリズムで、以下のようなものです。

1. 初期値 $|h_0\rangle = |x[i]\rangle$ として (3.2.4) を繰り返し、$|h_l\rangle$ を計算する
2. 初期値 $\langle\delta_0| = \langle d[i]|$ として (3.2.13) を繰り返し、$\langle\delta_l|$ を計算する
3. $\nabla_{\mathbb{J}_l} E = |\delta_{N-l+1}\rangle\langle h_{l-1}|$

(3.2.14)

「逆伝播」と呼ぶ由来は、$\langle\delta|$ の (3.2.13) による伝播方向が、(3.2.4) の方向とは逆であるということです。このことは、今のようにブラケット記法で書くと、

$$|h\rangle : \text{ケット、順伝播 (forward propagation)}$$

(3.2.15)

$$\langle\delta| : \text{ブラ、逆伝播 (back propagation)}$$

(3.2.16)

となり、対応関係が視覚的にもすっきりします。

3.3 ニューラルネットワークの万能近似定理

ニューラルネットワークは、なぜデータ間のつながり（相関）を表現できるのか、その問にある極限で答えるのが、ニューラルネットの**万能近似定理** (universal approximation theorem[★10]) です [35]。類似の定理は、たくさんの人によって証明されてきましたが、ここでは、M. Nielsen [36] による簡便な証明を説明することにします[★11]。

■ 1 次元ニューラルネットワークの万能近似定理 ■　まずはじめに一番簡単なモデルを取り上げましょう。つまり、隠れ層が 1 層のニューラルネットワーク、特に 1 次元変数 x を与えたとき、1 次元の実数が出てくるニューラルネットワークを考えます。それは以下のようになります。

$$f(x) = \vec{J}^{(2)} \cdot \sigma_{\mathrm{step}}(\vec{J}^{(1)} x + \vec{b}^{(1)}) + \vec{b}^{(2)} \tag{3.3.1}$$

$\sigma_{\mathrm{step}}(x)$ は、活性化関数の役割をはたす**階段関数**で、

$$\sigma_{\mathrm{step}}(x) = \begin{cases} 0 & (x < 0), \\ 1 & (x \geq 0), \end{cases} \tag{3.3.2}$$

となります。活性化関数がシグモイド関数であるとき、そのある種の極限で得られます[★12]。また引数が多成分のときには、成分ごとに作用することと約束します。$\vec{J}^{(i)}$ は重み、$\vec{b}^{(i)}$ はバイアスです。

$$\vec{J}^{(l)} = (j_1^{(l)}, j_2^{(l)}, j_3^{(l)}, \cdots, j_{n_{\mathrm{unit}}}^{(l)})^\top \tag{3.3.3}$$

★10……一般には、普遍性定理と訳されますが、ここでは意味をくみとって万能近似定理としました。
★11……彼のウェブサイトでは、直感的に証明を理解できますので、ぜひ訪れてみてください。
★12……フェルミ分布関数で絶対零度のときに階段関数になり、そこで計算を行うのと同じことです。

$$\vec{b}^{(l)} = (b_1^{(l)}, b_2^{(l)}, b_3^{(l)}, \cdots, b_{n_{\text{unit}}}^{(l)})^\top \tag{3.3.4}$$

そして $j_i^{(l)}, \vec{b}^{(l)}$ は、実数とします。l は層（レイヤー）の通し番号で、$1, 2$ です。n_{unit} は、各層でのユニット数であとで決めることにします。

▎1層目と2層目で何が起こるか▎ まずは、1層目と2層目で何が起こるかを $n_{\text{unit}} = 1$ で見てみましょう。この場合3層目には、以下が入力されます。

$$g_1(x) = \sigma_{\text{step}}(j_1^{(1)} x + b_1^{(1)}) \tag{3.3.5}$$

このときに、$j_1^{(1)}$ と $b_1^{(1)}$ を調整すると、階段関数が左右に動くことがわかります。さらにここに係数 $j_1^{(2)}$ をかけてみます。

$$g_2(x) = j_1^{(2)} \sigma_{\text{step}}(j_1^{(1)} x + b_1^{(1)}) \tag{3.3.6}$$

すると、自由に高さを（負の方向にも）変えることができます。また第2層に対するバイアス項 $b_1^{(2)}$ を追加すると、階段関数の最低値も変えることができます。

ここで、$n_{\text{unit}} = 2$ としてみましょう。すると $\vec{J}^{(l)}$、$\vec{b}^{(l)}$ をパラメータとして任意の形の矩形関数を描くことができます。これで準備は整いました。$n_{\text{unit}} = 2k \ (k > 1)$ を考えてみましょう。すると、多数の矩形関数を重ね合わせたグラフを描くことができます。

連続な目的関数 $t(x)$ を考えたとき、上記で考えたニューラルネットワーク $f(x)$ は、n_{unit} を大きくし、パラメータを調整することでいくらでも近づくことができます[13]。このため、1次元ニューラルネットワークは任意の連続関数を表現できることになります。

---

[13]……Cybenko の証明 [35] での、稠密性に当たる部分です。

068 第 3 章 ニューラルネットワークの基礎

ニューラルネットワークの万能近似定理 上記で述べた事実は、高次元に拡張することができます。すなわち、$\vec{x}$ から $\vec{f}(x)$ への連続写像は、ニューラルネットワークを用いて表現することができます。この事実がニューラルネットワークの万能近似定理と呼ばれています。

　一方で、この定理が非現実的な状況であることにも注意しましょう。一つ目は、活性化関数が階段関数であることです。誤差逆伝播法に基づく学習では、何らかの意味で活性化関数の微分が必要なので階段関数では目的に添えません。二つ目として、無限個の中間ユニットが必要な点です。これは定量的な問題として、ニューラルネットワークがどのように、どれくらいのスピードでどのような精度で目的とする関数への近似が良くなるかについては述べられていません。もう一つの注意としては、この定理はあくまで目的の関数の近似をニューラルネットワークが与えられるということしか言っていない点です。ただしそれでも、この定理はある程度直感的になぜニューラルネットワークが強力かという断片を説明しています。

なぜ深層か ここまで、隠れ層 1 層のニューラルネットワークを見てきました。隠れ層が例え 1 層でも、ユニット数が無限であれば、任意の関数を近似できるのでした。では、なぜ深層学習 (deep learning) は有効なのでしょうか?

　実は、以下のような事実が知られています [37]。

1. 3 層で中間層のユニットを大きくする ⇐ 表現性がべきで増える
2. 深層にする ⇐ 表現性が指数関数的に増える

この節では、なぜ深層化が有用か、おもちゃの模型 (toy model) を用いて考えていきます。

深層学習のおもちゃ模型 簡単なおもちゃの模型であるが、隠れ層の個数が、ニューラルネットワークの表現力に影響を与えることを見ること

ができるおもちゃ模型を導入してみます。隠れ層が1層のニューラルネットワーク

$$f_{\text{1h-NN}}(x) = \vec{j}_L \cdot \sigma_{\text{act}}(\vec{j}_0 x + \vec{b}_0) + b_L \tag{3.3.7}$$

ただし、$\dim[\vec{b}_0] = N_{\text{unit}}$ です。また活性化関数は偶関数ではないとしておきます。さらに隠れ層が2層のニューラルネットワーク

$$f_{\text{2h-NN}}(x) = \vec{j}_L \cdot \sigma_{\text{act}}(J\sigma_{\text{act}}(\vec{j}_0 x + \vec{b}_0) + \vec{b}_1) + b_L \tag{3.3.8}$$

を比べて、深層化の意味を捉えて見ましょう。

■ **活性化関数が線形の場合** ■ まず準備として、活性化関数が線形のとき、とくに恒等関数である場合を考えてみましょう。つまり、

$$\sigma_{\text{act}}(x) = x \tag{3.3.9}$$

です。このとき、隠れ層が1層のとき、

$$f_{\text{1h-NN}}(x) = \vec{j}_L \cdot (\vec{j}_0 x + \vec{b}_0) + b_L \tag{3.3.10}$$

$$= (\vec{j}_L \cdot \vec{j}_0)x + (\vec{j}_L \cdot \vec{b}_0 + b_L) \tag{3.3.11}$$

となり、線形写像になります。さらに、2層でも

$$f_{\text{2h-NN}}(x) = \vec{j}_L \cdot (J_1(\vec{j}_0 x + \vec{b}_0) + \vec{b}_1) + b_L \tag{3.3.12}$$

$$= (\vec{j}_L \cdot J_1 \vec{j}_0)x + (\vec{j}_L \cdot J_1 \vec{b}_0 + \vec{j}_L \cdot \vec{b}_1 + b_L) \tag{3.3.13}$$

となります。つまり、活性化関数を恒等写像にしてしまうと、常に線形写像しか出てこないことになります。

070 第 3 章 ニューラルネットワークの基礎

■ **活性化関数が非線形の場合** ■ つぎに、活性化関数が非線形の場合を考えてみましょう。特にニューラルネットワークが表現できる関数の複雑性として、次数を考えたいので、

$$\sigma_{\mathrm{act}}(x) = x^3 \tag{3.3.14}$$

とします。簡単のために、隠れ層が 1 層のニューラルネットワークの中間層のユニット数を 2 とします、$\vec{j}_0 = (j_1^0,\ j_2^0)^\top$, $\vec{j}_L = (j_1^L,\ j_2^L)^\top$。このときには、

$$f_{\mathrm{1h\text{-}NN}}(x) = \vec{j}_L \cdot \sigma_{\mathrm{act}}((j_1^0 x,\ j_2^0 x)^\top + (b_1^0,\ b_2^0)^\top) + b_L \tag{3.3.15}$$

$$= \vec{j}_L \cdot \sigma_{\mathrm{act}}((j_1^0 x + b_1^0,\ j_2^0 x + b_2^0)^\top) + b_L \tag{3.3.16}$$

$$= \vec{j}_L((j_1^0 x + b_1^0)^3,\ (j_2^0 x + b_2^0)^3)^\top + b_L \tag{3.3.17}$$

$$= j_1^L(j_1^0 x + b_1^0)^3 + j_2^L(j_2^0 x + b_2^0)^3 + b_L \tag{3.3.18}$$

7 パラメータで、3 次関数まで表現できます。一般のユニット数のときには $3N_{\mathrm{unit}} + 1$ 個のパラメータを用いて 3 次関数でフィットすることになります。

逆に、ユニット数を 1 として、隠れ層が 2 層である場合を考えると、

$$f_{\mathrm{2h\text{-}NN}}(x) = \vec{j}_L \cdot \sigma_{\mathrm{act}}(J\sigma_{\mathrm{act}}(\vec{j}_0 x + \vec{b}_0) + \vec{b}_1) + b_L \tag{3.3.19}$$

$$= j_L(j(j_0 x + b_0)^3 + b_1)^3 + b_L \tag{3.3.20}$$

9 次関数となります。このときのパラメータ数は、6 個です。活性化関数の次数が n、中間層の数を h とするとき、表現される関数の最大次数は、$x^{(h+1)n}$ となり、特に活性関数が奇関数のとき、すべての次数が現れることがわかります。

この模型でみると、3 層で中間層のユニットを増やしても、表現できる関数の複雑さは変化しません。一方で $n > 1$ の活性化関数で層を増すと、

関数の複雑さは組み合わせ爆発を起こします。つまり、より複雑な関数をニューラルネットワークで表現できることになっています。

最後に、ここでの議論はあくまで直感的な理解のための模型であることを強調しておきましょう。特に非常によく使われる活性化関数の ReLU の場合には線形性のため、ここでの議論は成り立っていません。にもかかわらず、実は ReLU でも万能近似性は示されていますので [38]、実際上は、万能近似性を信じて深層学習を安心して使うことができると言えるでしょう。

COLUMN

統計力学と量子力学

統計力学におけるカノニカル分布

　本文中で用いた統計力学は（温度が与えられたときの）**カノニカル分布**と呼ばれるものです。これは以下のようなものです。まずスピンや粒子の位置などの物理的自由度があるとします。ここではこれを d を表しましょう。これは物理的な自由度であるため、その値に応じてエネルギーを持つはずです。それを $H(d)$ としましょう。さらにこの系を温度 T の環境（熱浴と呼ばれます）に浸した場合、エネルギー $H(d)$ の d が実現される確率は

$$P(d) = \frac{e^{-\frac{H(d)}{k_B T}}}{Z} \tag{3.3.21}$$

となることが知られています。ここで k_B は**ボルツマン定数**と呼ばれる重要な定数で、Z は**分配関数**と呼ばれ

$$Z = \sum_d e^{-\frac{H(d)}{k_B T}} \tag{3.3.22}$$

と定義されます。本文中では $k_B T = 1$ としていたわけです。

| **簡単な例：エネルギー等分配則** | 　例えば d として長さ L の箱に入った粒子の位置 x と運動量 p を考え、エネルギーとして通常の運動エネ

コラム　統計力学と量子力学　　　　**073**

ギーを考えた場合、エネルギーの期待値は

$$\langle E \rangle = \int_0^L dx \int_{-\infty}^{+\infty} dp \, \frac{p^2}{2m} \frac{e^{-\frac{p^2}{2mk_BT}}}{Z} \tag{3.3.23}$$

ただし

$$Z = \int_0^L dx \int_{-\infty}^{+\infty} e^{-\frac{p^2}{2mkT}} = L(2\pi m k_B T)^{1/2} \tag{3.3.24}$$

です。$\langle E \rangle$ の計算は一見難しそうに見えますが、$\beta = \frac{1}{k_B T}$ とすると

$$Z = L\Big(\frac{2\pi m}{\beta}\Big)^{1/2}, \tag{3.3.25}$$

$$\langle E \rangle = -\frac{\partial}{\partial \beta} \log Z = \frac{1}{2}\frac{1}{\beta} = \frac{1}{2}k_B T \tag{3.3.26}$$

ということがわかります。つまり系の温度 T が大きいとき=系が熱いとき、エネルギーの期待値は高く、温度が低いときエネルギーの期待値は低くなるということであり、直感にも当てはまります。また、今の考察を 3 次元で行うと有名な $\frac{3}{2}k_B T$ をエネルギーの期待値として得ることができます。

量子力学におけるブラケット記法

　誤差逆伝播法の導出で、簡便法として**ブラケット記法**を導入しました。これは、ベクトルを**ケット**

$$\vec{v} = |v\rangle \tag{3.3.27}$$

と書く、という以上の意味があるわけではありませんが、いろいろと記法上便利なことがあります。例えば内積を

$$\vec{w} \cdot \vec{v} = \langle w | v \rangle \tag{3.3.28}$$

のように表記する習わしがありますが、これは内積を「行列の積」とみなす

$$\vec{w} \cdot \vec{v} = \begin{pmatrix} w_1, & w_2, & \cdots \end{pmatrix} \begin{pmatrix} v_1 \\ v_2 \\ \vdots \end{pmatrix} \tag{3.3.29}$$

という気持ちを含ませています。また本文中で

$$|v\rangle\langle w| \tag{3.3.30}$$

というのも出てきましたが、これもやはり行列積で考えることで

$$|v\rangle\langle w| = \begin{pmatrix} v_1 \\ v_2 \\ \vdots \end{pmatrix} \begin{pmatrix} w_1, & w_2, & \cdots \end{pmatrix} = \begin{pmatrix} v_1 w_1 & v_1 w_2 & \cdots \\ v_2 w_1 & v_2 w_2 & \cdots \\ \cdots \end{pmatrix} \tag{3.3.31}$$

という「行列」を表しているということになります。

第4章

発展的な ニューラル ネットワーク

第3章では、最も基本的なニューラルネットワーク（順伝播ニューラルネットワーク）の導入とそれに伴う誤差関数や、その経験誤差の勾配計算（誤差逆伝播法）などを物理学の言葉で説明しました。さらにこの章では近年の深層学習の二枚看板である

- 畳み込みニューラルネットワーク
- 再帰的ニューラルネットワーク

これら二つの構造とそれに関連した話題を説明します。

4.1 畳み込みニューラルネットワーク

4.1.1 畳み込み

2次元の画像を考えてみましょう。グレイスケール画像の場合の入力値は x_{ij} を ij 番目のピクセル値として、カラー画像の場合は x_{ij}^c を ij 番目のピクセルの c 色チャンネル値として考えるため、自然とテンソル構造を

考えることになります。例えば d_{IJ} として、

- $i \approx I, j \approx J$ の辺りに猫が写っている確率 (4.1.1)

ということにしてみましょう。この場合、最も素朴なハミルトニアンは

$$H_{J,x}(\{d_{IJ}\}) = -\sum_{IJ}\Big(\sum_{ij} d_{IJ}J_{IJ,ij}x_{ij} + d_{IJ}J_{IJ}\Big) \quad (4.1.2)$$

のようなものです。

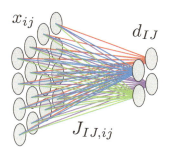

図 4.1 (4.1.2) のハミルトニアンの結合定数の模式図。色は IJ に対応。

しかし、(4.1.1) を議論したい場合、すべての ij と相互作用を考えても無駄でしょう。さらに (4.1.1) を考えるとき、ij からどの程度離れた領域まで考えるかというのも設定したほうがよいでしょう。そこで

$$J_{IJ,ij} = \begin{cases} \text{非ゼロ} & \begin{pmatrix} i = s_1 I + \alpha, & \alpha \in [-W_1/2, W_1/2] \\ j = s_2 J + \beta, & \beta \in [-W_2/2, W_2/2] \end{pmatrix} \\ \text{ゼロ} & \text{その他} \end{cases}$$

(4.1.3)

のようにしたくなります。ここで s_1, s_2 は**ストライド** (stride) と呼ばれる自然数で、「何ピクセル飛ばし」で特徴を捉えるかのパラメータです。W_1, W_2 は**フィルターサイズ**と呼ばれる自然数で、どのくらいの大きさの領域で特徴を捉えるかのパラメータです。これは**結合定数**を

$$J_{IJ,ij} = \sum_{\alpha\beta} J_{IJ,\alpha\beta} \delta_{i,s_1 I+\alpha} \delta_{j,s_2 J+\beta} \tag{4.1.4}$$

のように制限すれば実現できます（**図 4.2**）。また、捉えたい画像の特徴が

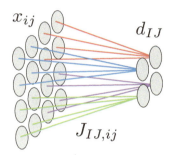

図 4.2 (4.1.4) の結合定数の模式図。色は IJ に対応。

「猫っぽさ」である場合、その特徴は画像のピクセル座標 I, J には依存しないはずです。なぜなら写真の右上の方に猫が写っている場合もあれば、真ん中のあたりに写っている場合もあったりするはずだからです。すると (4.1.1) の目的のために結合定数には IJ 依存性を入れないことにするのが自然に思えてきます。これは結合定数を

$$J_{IJ,ij} = \sum_{\alpha\beta} J_{\alpha\beta} \delta_{i,s_1 I+\alpha} \delta_{j,s_2 J+\beta} \tag{4.1.5}$$

の形式まで制限することに対応します（**図 4.3**）。

そうすると

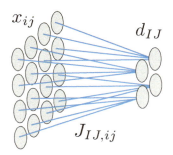

図 4.3 (4.1.5) の結合定数の模式図。実質的に $J_{\alpha\beta}$ しか自由度がない。

$$H^{\text{conv}}_{J,x}(\{d_{IJ}\}) = -\sum_{IJ} d_{IJ}\Big(\sum_{\alpha\beta} J_{\alpha\beta} x_{s_1 I+\alpha, s_2 J+\beta} + J\Big) \quad (4.1.6)$$

というハミルトニアンを得ます。この状態でボルツマン重みを計算すると

$$Q_J(\{d_{IJ}=1\}|x) = \sigma\Big(\sum_{\alpha\beta} J_{\alpha\beta} x_{s_1 I+\alpha, s_2 J+\beta} + J\Big) \quad (4.1.7)$$

となります。このときの演算

$$x_{ij} \to \sum_{\alpha\beta} J_{\alpha\beta} x_{s_1 I+\alpha, s_2 J+\beta} \quad (4.1.8)$$

を畳み込み演算[★1]といい、畳み込み演算を含むニューラルネットワークを畳み込みニューラルネットワークと呼びます。これは [39] で導入さたとするのが定説のようです[★2]。近年の深層学習の盛り上がりの「発端」の一つとして、ImageNet [26] を用いた画像認識のコンペティションにおける

[★1]......物理数学で扱う畳み込みとは符号が異なりますが、本質的には同じです。
[★2]......ちなみに [39] では畳み込みニューラルネットワークは、視覚野に 2 種類の細胞があることを指摘した Hubel と Wiesel の論文 [40] と、福島と三宅によるそれらのニューラルネットワーク実装論文 [41] に着想を得た、と書かれています。

畳み込みニューラルネットワーク（AlexNet [42]★3）が 2012 年にまさに「桁違いの」性能を叩き出した事件がよく引き合いに出されますが、それ以来、**画像認識**における畳み込みニューラルネットワークは「寿司といえばマグロ」というのと同じくらいの常識になっています★4。

4.1.2　転置畳み込み

　ところで、上述のように畳み込みを画像 x_{ij} と特徴 d_{IJ} の間の「相互作用」として捉えると、畳み込み演算（x_{ij} を入れて d_{IJ} に相当する物が出てくる演算）だけに注目するのは不自然な気がしてきます。この逆、つまり特徴 d_{IJ} を入力して画像 x_{ij} に相当する量を出力させる演算（**図 4.4**）があってもよい気がします。これはハミルトニアン (4.1.6) で添字を適当に

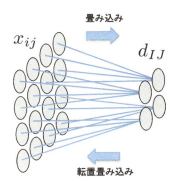

図 **4.4**　畳み込みと転置畳み込みの関係。

★3......Alex とはこの論文の筆頭著者の名前です。
★4......昔マグロといえば腐敗を防ぐために「漬け」が常識的だったため、赤身を食べるのが常識的で、トロの部分には価値がなかったそうです。しかし冷凍技術が発達したおかげで海から離れた地域にも新鮮なマグロが届けられるようになり、それがトロの普及につながっていったそうです。同じように、機械学習でも新たな技術が発展すれば、もしかすれば畳み込みニューラルネットワークを超える「次世代」のアーキテクチャがこれから登場してくるのかもしれません。実際近年、カプセルネットワーク [43] と呼ばれる新たなニューラルネットが注目を集めました。

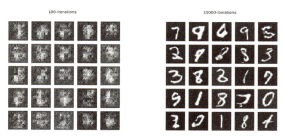

図 4.5 DCGAN の生成した手書き文字。左：学習初期、チェッカーボード模様が目立ちます。右：学習後期、気にならないレベルになりました。

付け替えて $\vec{x}$ と $\vec{d}$ の二次形式とみると丁度、転置行列による演算と考えられます。この畳み込みの転置演算

$$d_{IJ} \to \sum_{IJ} d_{IJ} J_{IJ,ij} \tag{4.1.9}$$

は、例えば「猫らしさ」を入力して ij に猫っぽい画像を生成したい場合などに使うことになります。人工知能が書いた絵が、オークションで高額で落札されたニュースを聞いたことがあるかもしれませんが、「**転置畳み込み**」はそのような画像生成に関連するニューラルネットワークの実装によく使われる手法です[★5]。例えば**図 4.5** に **DCGAN** (Deep Convolutional Generative Adversarial Network) [45] と呼ばれるニューラルネットワークで手書き文字を教師なし学習させた結果を示します[★6]。ニューラルネットワークには **MNIST** の入力画像だけが与えられ、その特徴（止め、はね、はらい等）をうまく学習させることで逆に MNIST を模した画像を生成するのに成功している様子がわかります。

チェッカーボード・アーティファクト

転置畳み込みは畳み込みの

[★5] ...... さらに詳しく知りたい読者は、例えば [44] 等を参考にしましょう。
[★6] ...... この方法については、第 6.3 節で詳しく説明します。

逆演算として、低次元の特徴から高次元の特徴を生成するのに自然な方法であると考えられますが、定義の性質上、**チェッカーボード・アーティファクト**と呼ばれる独特の模様[7] を形成しがちです（図 4.5 左と**図 4.6**）。

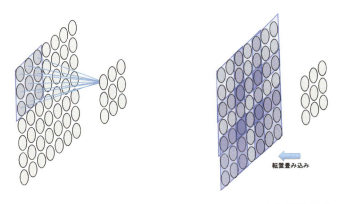

図 4.6　チェッカーボード・アーティファクトができてしまう直感的な説明。

　深層ニューラルネットワークにおいて、入力層 d_{IJ} までの学習が進んでいない場合、例えば d_{IJ} がほとんど一様になってしまったりすると、そこに転置畳み込み演算をすると単にフィルターをずらして足し上げる演算になってしまうために起こる現象ですが、入力層 d_{IJ} の学習がうまく進んでくれば、これは一様でなくなり、チェッカーボード模様は見えなくなります。

4.2　再帰的ニューラルネットワークと誤差逆伝播

　ここまで、次の

★7......チェッカーボード模様とは市松模様のことです。

082 第 4 章 発展的なニューラルネットワーク

$$|h\rangle = \mathbb{T}|x\rangle := \sum_m |m\rangle \sigma_l(\langle m|\mathbb{J}|x\rangle) \tag{4.2.1}$$

のような一方向の伝播のみ考えてきましたが、例えば時系列データ

$$|x(t)\rangle, \quad t = 1, 2, 3, \ldots, T \tag{4.2.2}$$

が入ってきた場合、どのように処理するとよいでしょうか。これを一つずつ
ニューラルネットワークに入れるのは一つの方法ですが、例えば (4.2.2) が

$$|x(t = 1)\rangle = |\texttt{I}\rangle$$
$$|x(t = 2)\rangle = |\texttt{have}\rangle$$
$$|x(t = 3)\rangle = |\texttt{a}\rangle$$
$$|x(t = 4)\rangle = |\texttt{pen}\rangle$$
$$|x(t = 5)\rangle = |\texttt{.}\rangle \tag{4.2.3}$$

のような場合はどうでしょうか。全く前後の時刻の情報を入れない今まで
のようなモデルでは、文脈を捉えることができません。そこで素朴な拡張
として

$$|h(t)\rangle = \sum_m |m\rangle \sigma_\bullet \Big(\langle m|\mathbb{J}_x|x(t)\rangle + \langle m|\mathbb{J}_h|h(t-1)\rangle \Big) \tag{4.2.4}$$

を考えましょう。これが再帰的（リカレント）ニューラルネットワークと
呼ばれるものの最も素朴な形です。ここで、$|h(t)\rangle$ は各時刻 t での出力値
であると同時に、次時刻 $t+1$ での第二の入力となります。第一の入力は
$|x(t+1)\rangle$ です。ロボットアームが荷物を運ぶ動作で例えると、$|x(t)\rangle$ は
各時刻でのロボットの視界から入ってきた画像データで、$|h(t)\rangle$ はその時
刻でのアームの動作などに対応し、例えば時刻 t でアームをすごい勢いで
加速させてしまった場合、荷物が投げられてしまわないように、次の時刻

ではブレーキをかける必要があります。このように、再帰的構造は現在の時刻での動作には先刻の動作が何であったか知っておかないといけない場合に対応するために入っているわけです。

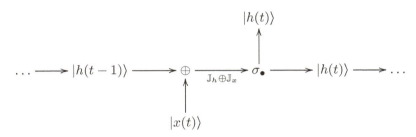

図 4.7　素朴な再帰的ニューラルネットワークの模式図

ちなみに、うまく $\mathbb{J}_h, \mathbb{J}_x, \sigma_\bullet$ を調節することで、このような素朴な再帰的ニューラルネットワークであっても、任意の計算能力を持たせられることが知られています [46]。これはニューラルネットワークの万能近似定理の一種と思えるわけですが、言い方を変えれば「再帰的ニューラルネットワークはプログラミング言語として使える」ということであり、さらには「コンピュータと同等の能力を持つ」ということでもあります。このような性質を**チューリング完全性** (Turing completeness) とか、**計算完備性**と呼びます。現在（2019 年 1 月）ではまだ遠い未来の話に感じられますが、万が一「汎用 AI」ができるとしたら、任意の論理演算（言語機能）をデータ（経験）から自ら実装（獲得）する能力がないとお話になりません。再帰的ニューラルネットワークの計算完備性はこの可能性を感じさせます。

▎**誤差の逆伝播**▎　再帰的ニューラルネットワークにおける**誤差の逆伝播**の様子を見てみましょう。

$\delta|h(t)\rangle$

$$= \underbrace{\sum_m |m\rangle \sigma'_\bullet \Big(\langle m|\mathbb{J}_x|x(t)\rangle + \langle m|\mathbb{J}_h|h(t-1)\rangle \Big) \langle m|}_{=:\mathbb{G}(t) \ \text{と名付けます}} \begin{pmatrix} \delta\mathbb{J}_x|x(t)\rangle \\ +\delta\mathbb{J}_h|h(t-1)\rangle \\ +\mathbb{J}_h\delta|h(t-1)\rangle \end{pmatrix}$$

$$= \mathbb{G}(t)\delta\mathbb{J}_x|x(t)\rangle + \mathbb{G}(t)\delta\mathbb{J}_h|h(t-1)\rangle + \mathbb{G}(t)\mathbb{J}_h\delta|h(t-1)\rangle \qquad (4.2.5)$$

の再帰的な式をやはり繰り返し使います。**誤差関数** L は典型的には

$$L = \langle d(1)|h(1)\rangle + \langle d(2)|h(2)\rangle + \dots \qquad (4.2.6)$$

となっていますので、t 番目を考えれば、それを足し上げればよいので、十分でしょう。

$$\begin{aligned}
\delta\langle d(t)|h(t)\rangle &= \langle d(t)|\delta|h(t)\rangle \\
&= \underbrace{\langle d(t)|\mathbb{G}(t)}_{=:\langle \delta_t(t)|} \Big(\delta\mathbb{J}_x|x(t)\rangle + \delta\mathbb{J}_h|h(t-1)\rangle + \mathbb{J}_h\delta|h(t-1)\rangle \Big) \\
&= \langle \delta_t(t)|\delta\mathbb{J}_x|x(t)\rangle + \langle \delta_t(t)|\delta\mathbb{J}_h|h(t-1)\rangle \\
&\quad + \underbrace{\langle \delta_t(t)|\mathbb{J}_h\mathbb{G}(t-1)}_{=:\langle \delta_t(t-1)|} \\
&\qquad \Big(\delta\mathbb{J}_x|x(t-1)\rangle + \delta\mathbb{J}_h|h(t-2)\rangle + \mathbb{J}_h\delta|h(t-2)\rangle \Big) \\
&= \dots \\
&= \langle \delta_t(t)|\delta\mathbb{J}_x|x(t)\rangle + \langle \delta_t(t)|\delta\mathbb{J}_h|h(t-1)\rangle \\
&\quad + \langle \delta_t(t-1)|\delta\mathbb{J}_x|x(t-1)\rangle + \langle \delta_t(t-1)|\delta\mathbb{J}_h|h(t-2)\rangle \\
&\quad \dots \\
&\quad + \langle \delta_t(1)|\delta\mathbb{J}_x|x(1)\rangle + \langle \delta_t(1)|\delta\mathbb{J}_h|h(0)\rangle \qquad (4.2.7)
\end{aligned}$$

ここで

$$\delta \mathbb{J} = \sum_{m,n} |m\rangle \langle n| \delta J^{mn} \tag{4.2.8}$$

としてみると

$$
\begin{aligned}
\delta \langle d(t)|h(t)\rangle &= \sum_{\tau \leq t} \Big(\langle \delta_t(\tau)|\delta \mathbb{J}_x|x(\tau)\rangle + \langle \delta_t(\tau)|\delta \mathbb{J}_h|h(\tau-1)\rangle \Big) \\
&= \sum_{\tau \leq t} \sum_{m,n} \Big(\langle \delta_t(\tau)|m\rangle \langle n|x(\tau)\rangle \delta J_x^{mn} \\
&\quad + \langle \delta_t(\tau)|m\rangle \langle n|h(\tau-1)\rangle \delta J_h^{mn} \Big) \\
&= \sum_{m,n} \Big(\sum_{\tau \leq t} \langle \delta_t(\tau)|m\rangle \langle n|x(\tau)\rangle \delta J_x^{mn} \\
&\quad + \sum_{\tau \leq t} \langle \delta_t(\tau)|m\rangle \langle n|h(\tau-1)\rangle \delta J_h^{mn} \Big)
\end{aligned}
\tag{4.2.9}
$$

となります。したがって

$$
\begin{aligned}
\delta L &= \sum_t \delta \langle d(t)|h(t)\rangle \\
&= \sum_{m,n} \Big(\sum_t \sum_{\tau \leq t} \langle \delta_t(\tau)|m\rangle \langle n|x(\tau)\rangle \delta J_x^{mn} \\
&\quad + \sum_t \sum_{\tau \leq t} \langle \delta_t(\tau)|m\rangle \langle n|h(\tau-1)\rangle \delta J_h^{mn} \Big)
\end{aligned}
\tag{4.2.10}
$$

となるため、

$$
\begin{aligned}
\delta J_x^{mn} &= -\epsilon \sum_t \sum_{\tau \leq t} \langle \delta_t(\tau)|m\rangle \langle n|x(\tau)\rangle, \\
\delta J_h^{mn} &= -\epsilon \sum_t \sum_{\tau \leq t} \langle \delta_t(\tau)|m\rangle \langle n|h(\tau-1)\rangle
\end{aligned}
\tag{4.2.11}
$$

という更新ルールとなります。また、

$$\langle \delta_t(\tau - 1)| = \langle \delta_t(\tau)|\mathbb{J}_h\mathbb{G}(\tau - 1), \quad \langle \delta_t(t)| = \langle d(t)|\mathbb{G}(t) \qquad (4.2.12)$$

が今の場合の逆伝播の式となります。

▌勾配爆発／勾配消失 ▌ さて、このような理由で、データさえあれば再帰的ニューラルネットワークを訓練することができるわけですが、はたしてこれで十分なのでしょうか。例えば言語などのデータを用いて訓練し、きちんとした文章を作るようになるのでしょうか。答えは No です。例えば、括弧などの構造をうまく扱うことができません。すなわち、記憶の忘却が起こります。以下では、そんなことが起こってしまう理由を逆伝播の式から説明します。

(4.2.11) に従ってパラメータ J を調整するので、ここから考えましょう。どちらの更新式にも共通して現れるのが $\langle \delta_t(\tau)|$ です。その $\tau = 0$ 状態を考えてみると、逆伝播の式 (4.2.12) から

$$\langle \delta_t(1)| = \langle \delta_t(2)|\mathbb{J}_h\mathbb{G}(1) = \langle \delta_t(3)|\mathbb{J}_h\mathbb{G}(2)\mathbb{J}_h\mathbb{G}(1) = \ldots$$
$$= \langle d(t)|\mathbb{G}(t)\underline{\mathbb{J}_h}\mathbb{G}(t-1)\ldots\underline{\mathbb{J}_h}\mathbb{G}(2)\underline{\mathbb{J}_h}\mathbb{G}(1) \qquad (4.2.13)$$

となります。ここで「全く同一の $\mathbb{J}_h$ が $t-1$ 回右から作用する」ことに注意してください。t は文章などの長さですから、とても長いことがありえます。すると

$$|\mathbb{J}_h| > 1: \langle \delta_t(1)| \text{ が巨大すぎる} \qquad (4.2.14)$$

$$|\mathbb{J}_h| < 1: \langle \delta_t(1)| \text{ が小さすぎる} \qquad (4.2.15)$$

ということになり、どちらの場合も学習の妨げとなります。例えば巨大すぎる場合、(4.2.11) の更新式が妥当である暗黙の了解である「更新量が小さい」ことに抵触します。また小さすぎる場合はそもそも更新式で $\tau = 0$ の効果が入らないことを意味し、これは記憶の忘却が起こっていることを

意味します。それぞれ**勾配爆発**、**勾配消失**などと呼ばれることがあります。これは Hochreiter の博士論文において指摘されました [47]★8。

4.3 LSTM

したがって、素朴な再帰的ニューラルネットワークでは、以上で説明した構造、深層化、畳込み、などを使っても勾配爆発／消失は改善できません。この問題を解決するには新たなアイデアが必要です。この節では、現在でもよく使われている **LSTM** (Long short-term memory) [49] を説明します★9。

| **メモリベクトル** | LSTM の核心となるアイデアは、再帰的ニューラルネットワーク内部に記憶を司るベクトルを設置するところにあります。これはコンピュータでいうところの RAM（一時的な記憶領域）の役割を果たします。時刻 t でのメモリベクトルを

$$|c(t)\rangle \tag{4.3.1}$$

と呼びましょう。**図 4.8** に全体図を示します。

ここで g_f などは

$$g_f: \text{忘却ゲート}$$
$$g_i: \text{入力ゲート}$$
$$g_o: \text{出力ゲート}$$

と呼ばれ、すべて成分ごとのシグモイド関数

★8‥‥‥これはドイツ語なのですが、英語の文献は [48] があります。
★9‥‥‥ブラ・ケット記法を用いない説明は例えば [50] があります。実際ここでの説明はこの記事に拠るところが大きいです。

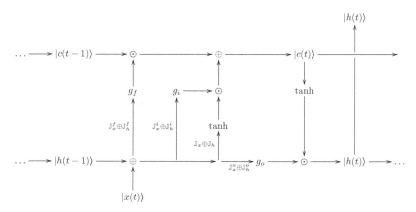

図 4.8 LSTM の模式図、$\oplus$ はベクトルの足し算、$\odot$ はベクトルの成分ごとの掛け算（すなわちその結果も同じ次元のベクトル）を表します。

$$g_f = g_i = g_o = \sigma \tag{4.3.2}$$

にとります。それぞれの関係を書いてみますと

$$|h(t)\rangle = \sum_m |m\rangle\langle m|g_o\rangle\langle m|\tanh(c(t))\rangle \tag{4.3.3}$$

$$\begin{aligned}|c(t)\rangle &= \sum_m |m\rangle\langle m|c(t-1)\rangle\langle m|g_f\rangle \\ &+ \sum_m |m\rangle \tanh\Big(\langle m|(\mathbb{J}_x|x(t)\rangle + \mathbb{J}_h|h(t-1)\rangle)\Big)\langle m|g_i\rangle\end{aligned} \tag{4.3.4}$$

$$|g_f\rangle = \sum_m |m\rangle g_f\Big(\langle m|(\mathbb{J}_x^f|x(t)\rangle + \mathbb{J}_h^f|h(t-1)\rangle)\Big) \tag{4.3.5}$$

$$|g_i\rangle = \sum_m |m\rangle g_i\Big(\langle m|(\mathbb{J}_x^i|x(t)\rangle + \mathbb{J}_h^i|h(t-1)\rangle)\Big) \tag{4.3.6}$$

$$|g_o\rangle = \sum_m |m\rangle g_o\Big(\langle m|(\mathbb{J}_x^o|x(t)\rangle + \mathbb{J}_h^o|h(t-1)\rangle)\Big) \tag{4.3.7}$$

この誤差の逆伝播の様子を見てみます。

$$\delta|h(t)\rangle = \sum_m |m\rangle \Big[\langle m| \underbrace{\delta|g_o\rangle}_{(A)} \langle m|\tanh(c(t))\rangle + \langle m|g_o\rangle \langle m| \underbrace{\delta|\tanh(c(t))\rangle}_{(B)}\Big]$$

(4.3.8)

まず前半の (A) については、以下のようになります。

$$(A) = \delta|g_o\rangle = \delta \sum_m |m\rangle g_o\Big(\langle m|(\mathbb{J}_x^o|x(t)\rangle + \mathbb{J}_h^o|h(t-1)\rangle)\Big)$$

$$= \sum_m |m\rangle g_o'(\bullet)\Big[\langle m|\delta|(\mathbb{J}_x^o|x(t)\rangle + \mathbb{J}_h^o|h(t-1)\rangle)\Big]$$

$$= \sum_m |m\rangle g_o'(\bullet)\Big[\langle m|(\delta\mathbb{J}_x^o|x(t)\rangle + \delta\mathbb{J}_h^o|h(t-1)\rangle) + \mathbb{J}_h^o\delta|h(t-1)\rangle\Big]$$

(4.3.9)

第 3 項は 1 時刻前の $\delta|h\rangle$ にパラメータ $\mathbb{J}_h^o$ が作用した形ですので、どんどん時間をさかのぼっていくと結局 $\mathbb{J}_h^o$ がたくさんかかってしまい、勾配爆発／消失が起こります。次に後半の (B) は

$$(B) = \delta \sum_m |m\rangle \tanh(\langle m|c(t)\rangle)$$

$$= \sum_m |m\rangle \tanh'(\bullet)\Big[\langle m| \underbrace{\delta|c(t)\rangle}_{(C)}\Big]$$

(4.3.10)

となり、(C) の振る舞いに勾配の大きさが委ねられることになりました。

$$(C) = \delta \sum_m |m\rangle\langle m|c(t-1)\rangle\langle m|g_f\rangle$$

$$+ \delta \sum_m |m\rangle \tanh\Big(\langle m|(\mathbb{J}_x|x(t)\rangle + \mathbb{J}_h|h(t-1)\rangle)\Big)\langle m|g_i\rangle$$

$$
= \sum_m |m\rangle \Big[\langle m|\delta|c(t-1)\rangle \langle m|g_f\rangle + \langle m|c(t-1)\rangle \langle m|\underbrace{\delta|g_f\rangle}_{(D)} \Big]
$$

$$
+ \sum_m |m\rangle \Big[\tanh'(\bullet)\Big(\langle m|(\delta\mathbb{J}_x|x(t)\rangle + \delta\mathbb{J}_h|h(t-1)\rangle
$$

$$
+ \mathbb{J}_h\delta|h(t-1)\rangle)\Big)\langle m|g_i\rangle + \tanh(\bullet)\langle m|\underbrace{\delta|g_i\rangle}_{(F)} \Big]
$$

$$
\tag{4.3.11}
$$

$(D), (F)$ は基本的には g_o と変わらないので、$\mathbb{J}^f$ や $\mathbb{J}^i$ が何度もかかり、勾配爆発／消失する可能性があります。しかし (4.3.11) の第 1 項で $|c(t-1)\rangle$ の項には $\mathbb{J}$ がかかりません。この部分は 1 時刻前のメモリベクトルへの逆伝播であり、「記憶をなるべく保持しておく」役割を果たしているわけですが、学習パラメータ $\mathbb{J}$ がかからないため、原理的にはいくらでも伝播することが可能です。このことは定義から実は明らかで、$|x(t)\rangle, |h(t)\rangle$ は「必ず」活性化関数に入力されるのに対し、$|c(t)\rangle$ は g_f で値がかかる程度なだけなのです。ここが LSTM における最も重要な部分、つまり勾配爆発／消失を起こしづらくなっているポイントです。

　ただし、忘却ゲートからの重みや、入力ゲートからの入力が τ ごとにあるため、一度記録された情報が完全に保持されるわけではありません。メモリベクトルではむしろ、$\mathbb{J}$ だけで制御していた「忘れる」ことと「覚える」操作をあらかじめ明示的な形で与えているわけです。例えばメモリベクトルを

$$
|c\rangle = \begin{pmatrix} c_1 \\ c_2 \\ \vdots \\ c_\spadesuit \end{pmatrix} \tag{4.3.12}
$$

として、$c_1 = $（主語を司る成分）だとします。入力が I enjoy machine

learning . だとして、LSTM が「次の語を予想する」機械だとすると、1 語目 I が入ってきたとき、もしうまく学習が完了していれば、メモリは

$$|c\rangle = \begin{pmatrix} 1 \\ 0 \\ \vdots \\ 0 \end{pmatrix} \tag{4.3.13}$$

のように、「いま主語の部分を取り扱っている」と "認識" します[10]。まだこの段階では次に and you ... 等と続くかもしれず、「主語」状態を解除するわけには行きませんが、さらに 2 語目の enjoy が入力されたとき、これは動詞なので英語の文法上これ以上主語が続くことはないでしょう。この場合忘却ゲートは例えば

$$|g_f\rangle = \begin{pmatrix} 0 \\ 1 \\ \vdots \\ 1 \end{pmatrix} \tag{4.3.14}$$

のような出力をし、これと $|c\rangle$ が $\odot$ されると、$c_1 =$（主語を司る成分）をゼロにする操作になります。メモリベクトルの第 2 成分 ＝（動詞を司る成分）だとすると、2 語目の enjoy が入力されたときの入力ゲートは例えば

---

[10]……念のために補足しておくと、実際は実数値ですべてを取り扱い、さらに主語にもいろいろあるため、このようなことに本当になるわけではありません。ここでは説明の便宜上の設定と思ってください。

$$|g_i\rangle = \begin{pmatrix} 0 \\ 1 \\ 0 \\ \vdots \\ 0 \end{pmatrix} \tag{4.3.15}$$

のようになり、結果[11]

$$|c(\text{次の時刻})\rangle = |c\rangle \odot |g_f\rangle + |g_i\rangle$$

$$= \begin{pmatrix} 1 \\ 0 \\ 0 \\ \vdots \\ 0 \end{pmatrix} \odot \begin{pmatrix} 0 \\ 1 \\ 1 \\ \vdots \\ 1 \end{pmatrix} + \begin{pmatrix} 0 \\ 1 \\ 0 \\ \vdots \\ 0 \end{pmatrix} = \begin{pmatrix} 0 \\ 1 \\ 0 \\ \vdots \\ 0 \end{pmatrix} \tag{4.3.16}$$

となって、「主語」状態から「動詞」状態にメモリが移行するというわけです。

▌ 注意機構 (アテンション・メカニズム) ▌ 忘却ゲートのように「入力に応じて特徴ベクトルの重要度に比率をつける」操作を**注意機構**と言います。LSTM に加えて外部にさらに注意機構を組み込むと、自然言語翻訳などで飛躍的に精度が上昇することが知られています [51]。さらに、実は再帰的ニューラルネットワークの再帰構造すら必要なく、「必要なのは注意機構だけ」という趣旨の論文 [52] もあり、実際自然言語処理などで高い性能を発揮しています。また、注意機構は画像処理の精度も飛躍的に上昇させることがわかっており [53,54]、現代の深層学習を支える中核を担うよう

---

[11]......本来は (4.3.4) のように、入力ベクトルには tanh がかかりますが、ここでは説明を簡単化するため省略しています。

になってきています。興味のある読者は、例えば [55] やその参照文献など
にあたることをおすすめします。

094 / 第 4 章 / 発展的なニューラルネットワーク

COLUMN

カオスの縁と計算可能性の創発

　現代社会で暮らしていく上で、パソコンやスマートフォン等の電子機器は必要不可欠ですが、そもそも「なぜ」望みの動作を実行させることができるのでしょうか。その背後には、単なる「便利な道具」の域を超えた、物理学の法則にも負けずとも劣らない深遠な世界が広がっているのです。

ソート（並べ替え）アルゴリズム

　まず、以下の数列を小さい順に並べ替えることを考えましょう：

$$[3, 1, 2] \tag{4.3.17}$$

当然、答えは [1,2,3] となりますが、例えば [38, 90, 25, 74, 87, 26, 53, 86, 14, 89, ...] のように長くなると、すぐには答えられないでしょう。この手の仕事をしなければならないとき、最も賢い方法の一つは並べ替えるプログラムを書くことです。つまり、次のようなものです。

$$[3, 1, 2] \rightarrow (\text{何らかの「機械的な」手続き}) \rightarrow [1, 2, 3] \tag{4.3.18}$$

　「機械的な」というのがポイントで、手続き中に人間が考える部分があってはなりません[12]。この手続きの実装方法の一つは、入力列を頭から二つずつピックアップし、もし右の数のほうが小さければ交換、そうでなけれ

★12……エネルギーを注入するために歯車を手で回すくらいのことはやってもよいのですが。

ばそのまま、という作業を順にやっていくことです。

$$[3, \underbrace{1, 2}_{1,3}] \to [1, \underbrace{3, 2}_{2,3}] \to [1, 2, 3] \tag{4.3.19}$$

ただし、1回で終わらないこともあります。試しに他の例でもおこなってみると

$$[\underbrace{3, 2}_{2,3}, 1] \to [2, \underbrace{3, 1}_{1,3}] \to [2, 1, 3] \tag{4.3.20}$$

となり、不完全なことがわかりますが、このようなときはもう一度左から同じ処理をやり直します。

$$(4.3.20) = [\underbrace{2, 1}_{1,2}, 3] \to [1, \underbrace{2, 3}_{2,3}] \to [1, 2, 3] \tag{4.3.21}$$

「完了したかどうか」の判定が入れたくない場合でも、高々数列の個数回、同じ作業を繰り返せば並べ替えが完了するはずです。

再帰的ニューラルネットワークでの実装

　本文中で**再帰的ニューラルネットワーク**がチューリング完全であると述べましたが、これはネットワークの学習パラメータをうまく調節すれば(4.3.18) のような処理が可能だということです。論文 [46] では望む処理になるように手で重みを決める方法を説明していますが、最近の深層学習モデル（ニューラルチューリング機械 (NTM) というもの [56] を用いました）では、これを学習で自動的に決めることが可能になっています。すなわち、

ネットワークがデータ★13 から上で説明したような処理を自ら実装できるようになってきているわけです。以下に、学習したネットワークの「学習データにない入力を入れたときの実際の出力」を示します。完全に正解していないのは、学習のさせ方が下手だったからですが、正しい長さで（値は少し異なるものの）正しい順の出力が出てきているのは、驚きです。

$$[1, 1, 1, 2, 12] \rightarrow \begin{cases} 正解： & [1, 1, 1, 2, 12] \\ NTM： & [1, 1, 1, 1, 12] \end{cases}$$

$$[13, 3, 1, 2, 5, 9, 9] \rightarrow \begin{cases} 正解： & [1, 2, 3, 5, 9, 9, 13] \\ NTM： & [0, 3, 3, 3, 9, 13, 13] \end{cases}$$

$$[8, 10, 8, 3, 14, 4, 15, 5] \rightarrow \begin{cases} 正解： & [3, 4, 5, 8, 8, 10, 14, 15] \\ NTM： & [0, 4, 6, 10, 10, 14, 14, 14] \end{cases}$$

$$[5, 2, 8, 12, 0] \rightarrow \begin{cases} 正解： & [0, 2, 5, 8, 12] \\ NTM： & [2, 6, 6, 8, 12] \end{cases}$$

$$[5, 7, 12, 10, 2] \rightarrow \begin{cases} 正解： & [2, 5, 7, 10, 12] \\ NTM： & [2, 6, 6, 8, 12] \end{cases}$$

KdV方程式と箱玉系

　話は変わって、箱玉系と呼ばれる物理系を紹介しましょう。箱玉系は流体のナビエ・ストークス方程式を

- 浅い波でかつ
- 一方向のみに波が伝播する場合

★13……並べ替える前と並べ替えた後の教師つきデータ。ここでは数列の長さが 4 までのデータを 2 進数でランダムに 800 個程度生成し、コントローラとして LSTM を用いたモデルを使っています。

コラム　カオスの縁と計算可能性の創発　　**097**

と考えると得られる方程式（KdV★14 方程式）に、ある特殊な離散化を施して得られるものです（このあたりに興味のある方は [57] やその参考文献を参照してください）。もともと空間 1 次元+時間発展なのですが、その両方が離散化されます。離散化された空間を

$$\cdots \bigcirc\bigcirc\bullet\bullet\bigcirc\bigcirc\bigcirc\bigcirc\bigcirc \cdots \qquad (4.3.22)$$

と書くことにします。また、○は波が立っていない状態に対応し、●は波が立っている状態に対応します。このとき、箱玉系の単位時間発展は

1. 一番左の●を選び
2. それを○にする（●を回収する）
3. 一つ右側に移る
4. $\begin{cases} \text{そこの状態が○ならそこに■を置き、1 に戻る} \\ \text{そこの状態が●か■なら 3 に戻る} \end{cases}$
5. すべての■を●に置き換える $\qquad (4.3.23)$

というものです。この単位時間発展を初期配置に作用させた結果は、以下のようになります。

★14……Korteweg（コルテヴェーグ）と de Vries（ドフリース）という 2 人の名前です。

KdV 方程式のソリトン[15] の散乱のような時間発展が得られるのがわかります。ところで、○で隔たれた●の個数を左から数えていくと、これは $[3,2,1] \rightarrow [1,2,3]$ となっており、ソートアルゴリズムと同じことをやっています！念のためもう 1 つ、$[3,4,2,1,2,3]$ に対応する適当な初期状態を入れてみますと、きちんと $[1,2,2,3,3,4]$ が得られます[16]。

つまり、KdV 方程式で記述される物理現象はソートアルゴリズムを内包していたと思えるわけです。この箱玉系のような離散空間上の離散状態の離散時間発展モデルをセル・オートマトンと言います。

1次元セル・オートマトンの臨界状態とチューリング完全性

数式処理ソフト Mathematica で有名なウルフラム (Stephen Wolfram) は元々、素粒子論を専門とする物理学者でした。実は彼は 1 次元（基本）セル・オートマトンの分類 [58] でも有名です。その分類によるとセル・オートマトンの力学法則は

I. 静的（どんな初期状態もすぐに静止し安定化する）

II. 周期的（どんな初期状態もすぐにすべてが静止するか周期運動し安定化する）

---

[15]……微分方程式の解で、エネルギー密度が局在化しているものをソリトンと（物理学では）呼びます。
[16]……ただし、ソリトンを適度に離して配置しないと位相のズレによる計算ミスが起こります。

III. カオス（十分時間が経っても安定化しない）
IV. それ以外（安定とカオスの「縁」）

となるようです。例えば彼の命名ルール 90 の世界で、一点だけ●にすると**図 4.9**（左）のような発展図が得られます。

図 4.9　左：ルール 90, 右：ルール 110

　これは有名なシェルピンスキー (Sierpinski) 図形と呼ばれるフラクタル図形になり、クラス III に属すものです。一方、ルール 110 はクラス IV に属し、図 4.9（右）のような時間発展となります。大小様々な三角形が生成されるのがわかりますが、じつはこの世界はチューリング完全であることが証明されました [59]。砕けた言い方をすれば、この 1 次元世界では、コンピュータを作ることができるというわけです。著者によるより詳しい説明が [60] に書かれています。さらにラングトンのアリと呼ばれるセル・オートマトンで有名なラングトンは、物性系の相転移現象との類似から、クラス IV の時間発展であることはチューリング完全性と対応すると主張しています [61]。ところで実際のところ、我々の住んでいる世界にはコンピュータがあり、計算可能なのですが、それはこの宇宙の物理法則と何らかの関係があるのでしょうか。研究が進み、将来そのようなことまでわかる未来が来るのかもしれません。

第5章

サンプリングの必要性と原理

第2章で説明したように、本書では

1. データを生成する確率分布 $P(x, d)$ が存在するとして
2. 手持ちの確率分布 $Q_J(x, d)$ のパラメータ J を調整し $P(x, d)$ に近づける

行為を機械学習と定義してきました。第3章や第4章でニューラルネットワークを導入するのにも、この観点に統計力学の知識を適応したのでした。また深層ニューラルネットワークの出力は、入力 x が与えられたときの条件付き確率分布 $Q_J(d|x)$ についての d の期待値と考えることができたのでした。しかしながら、ときには期待値ではなく、実際に $Q_J(d|x)$ を d についての発生確率だと考え、その確率に従ったサンプリングをしたい場合もあるでしょう。例えば

$$Q_J(d|x) = 入力画像 x に写っているものを d に分類する確率$$

の場合を考えてみましょう。このとき、

$$x = おじいさんが愛犬を抱えて笑っている写真$$

の場合、おそらく

$$Q_J(おじいさん\,|x) = \frac{1}{2}, \quad Q_J(犬\,|x) = \frac{1}{2}$$

となるでしょう。もちろんこれはこれでよいのですが、もし万が一、あなたがこの機械をお客さんに売りつけるとして、お客さんから

　結局 x はおじいさんなのか、犬なのか、どっちに分類すべきなんだ！

と苦情が入ってしまうかもしれません[★1]。そんなとき、一つの（無責任な）解決策はコイントスで

$$\begin{array}{l} コインが表の場合、d = おじいさん \\ コインが裏の場合、d = 犬 \end{array} \tag{5.0.24}$$

とすることです。これでとりあえず、苦情に対応できます。もちろん (5.0.24) に基づくと、同じ画像について何度も判別させると「おじいさん」と判断したり「犬」と判断したりしてくるわけですが、どっちとも判断できる画像を人間に見せてもそのようになるので問題ないでしょう。

　機械学習後のモデル Q_J を使う以前に、実際に学習データ $\{(x[i], d[i])\}_i$ を作成するときにも同じ問題が発生します。すなわち、$x[i]$ に多数の物体 a, b が写り込んでいる場合、正解を $d[i] = a$ とすべきなのか、$d[i] = b$ とすべきなのか、という問題です。これもやはり、データを作成している人間の判断に依存しますが、その情報はデータ生成確率 $P(x, d)$ に含まれているわけです。

─────────────────────

　★1……このお話はもちろん、サンプリングの必要性を説明するために作った冗談です。

102 第 5 章 サンプリングの必要性と原理

　ここまでは黙殺してきましたが、以上のような考察から、確率分布 P があったときに実際にサンプリングするとはどういうことなのかを考える必要があることがわかります。そこで、この章では

- 学習データのサンプリング（収集）に関連する重要事項
- 学習後の機械からのサンプリング（データ捏造）に関連する重要事項

に焦点を当て、サンプリング周辺の基本的事項を説明します。

5.1　中心極限定理と機械学習における役割

　第 1 章の機械学習の雛形の例を思い出してみましょう。起こりうる事象を $A_1, A_2, \ldots, A_W$ とし、それぞれの発生確率が $p_1, p_2, \ldots, p_W$ だけれども、確率 p_i の具体値は知らず、代わりに

$$
\bullet \begin{cases} A_1 \text{ が } \#_1 \text{ 回、} A_2 \text{ が } \#_2 \text{ 回、} \ldots \text{、} A_W \text{ が } \#_W \text{ 回} \\ \text{合計で } \# = \sum_{i=1}^{W} \#_i \text{ 回起こった} \end{cases} \tag{5.1.1}
$$

ことだけ知っているとするのでした。第 1 章ではこのときの最尤推定量がデータ数 $\# \to \infty$ で、望みの確率 p_i に収束する

$$
\frac{\#_i}{\#} \to p_i \tag{5.1.2}
$$

という直感的に正しそうな事実を断りなく使いました。しかし改めて、なぜ (5.1.2) としてよいのかと問われたとき、きちんと答えるにはどうすればよいでしょうか。

大数の法則 (law of large number)　ここで、

$$
X_n^{(i)} = \begin{cases} 1 & n \text{ 回目の試行で } A_i \text{ が起こるとき} \\ 0 & n \text{ 回目の試行で } A_i \text{ が起こらないとき} \end{cases} \tag{5.1.3}
$$

とします。すると

$$
\frac{\#_i}{\#} = \frac{1}{\#} \sum_{n=1}^{\#} X_n^{(i)} \tag{5.1.4}
$$

と書けることがわかります。ところで、この値の「期待値」を考えてみましょう。これは

$$
\begin{aligned}
\left\langle \frac{\#_i}{\#} \right\rangle_p &= \left\langle \frac{1}{\#} \sum_{n=1}^{\#} X_n^{(i)} \right\rangle_p \\
&= \frac{1}{\#} \sum_{n=1}^{\#} \left\langle X_n^{(i)} \right\rangle_p \\
&= \frac{1}{\#} \sum_{n=1}^{\#} \left(p_i \cdot \underbrace{1}_{X_n^{(i)}} + (1 - p_i) \cdot \underbrace{0}_{X_n^{(i)}} \right) \\
&= \frac{1}{\#} \sum_{n=1}^{\#} p_i = p_i
\end{aligned} \tag{5.1.5}
$$

となり、事象 A_i の発生確率に等しくなります。これはかなり (5.1.2) を彷彿させる結果ですが、(5.1.2) そのものではありません。そこで、実際の $\frac{\#_i}{\#}$ とその期待値 $\left\langle \frac{\#_i}{\#} \right\rangle_p$ はどれくらい差があるかを考えるのがよさそうです。ただし、実際に観測される $\frac{\#_i}{\#}$ は確率由来のため、あっちに行ったりこっちに行ったりしてしまうので、単に差を考えるだけではこれ以上何もできません。そこで、適当な正の実数 ϵ に対して $\left\langle \frac{\#_i}{\#} \right\rangle_p - \epsilon \le \frac{\#_i}{\#} \le \left\langle \frac{\#_i}{\#} \right\rangle_p + \epsilon$

となる確率を考えます。もし

$$P\left(\left|\frac{\#_i}{\#} - \left\langle\frac{\#_i}{\#}\right\rangle_p\right| < \epsilon\right) \geq 1 - \frac{\spadesuit}{\#_{\text{正の数}}} \tag{5.1.6}$$

のようになれば、どんな ϵ に対しても十分大きな $\#$（データ数）をとれば、この確率は 1 に近づくため、(5.1.2) を示せていると考えられます。ϵ-δ 論法ならぬ、ϵ-$\#$ 論法というわけです。これを見るには、まず差の 2 乗の期待値を考えます。

$$
\begin{aligned}
\left\langle\left|\frac{\#_i}{\#} - \left\langle\frac{\#_i}{\#}\right\rangle_p\right|^2\right\rangle_p &= \sum_{\text{ありうるすべて}} P\left(\frac{\#_i}{\#}\right)\left|\frac{\#_i}{\#} - \left\langle\frac{\#_i}{\#}\right\rangle_p\right|^2 \\
&\geq \sum_{\left|\frac{\#_i}{\#} - \left\langle\frac{\#_i}{\#}\right\rangle_p\right| \geq \epsilon} P\left(\frac{\#_i}{\#}\right)\left|\frac{\#_i}{\#} - \left\langle\frac{\#_i}{\#}\right\rangle_p\right|^2 \\
&\geq \epsilon^2 \sum_{\left|\frac{\#_i}{\#} - \left\langle\frac{\#_i}{\#}\right\rangle_p\right| \geq \epsilon} P\left(\frac{\#_i}{\#}\right) \\
&= \epsilon^2 P\left(\left|\frac{\#_i}{\#} - \left\langle\frac{\#_i}{\#}\right\rangle_p\right| \geq \epsilon\right) \tag{5.1.7}
\end{aligned}
$$

一つ目の $\geq$ は和の範囲を制限したことからきており、また二つ目の $\geq$ では制限和の条件 $\left|\frac{\#_i}{\#} - \left\langle\frac{\#_i}{\#}\right\rangle_p\right| \geq \epsilon$ を使いました。また最後の $=$ は $P\left(\left|\frac{\#_i}{\#} - \left\langle\frac{\#_i}{\#}\right\rangle_p\right| \geq \epsilon\right)$ の定義そのものです。ここでの計算結果では、欲しい確率 $P\left(\left|\frac{\#_i}{\#} - \left\langle\frac{\#_i}{\#}\right\rangle_p\right| \leq \epsilon\right)$ と比較すると括弧の中の不等号が逆になってしまっていますが、この両者を足すと 1 になるはずなので

$$P\left(\left|\frac{\#_i}{\#} - \left\langle\frac{\#_i}{\#}\right\rangle_p\right| < \epsilon\right) = 1 - P\left(\left|\frac{\#_i}{\#} - \left\langle\frac{\#_i}{\#}\right\rangle_p\right| \geq \epsilon\right)$$

$$\geq 1 - \frac{1}{\epsilon^2}\left\langle \left| \frac{\#_i}{\#} - \left\langle \frac{\#_i}{\#} \right\rangle_p \right|^2 \right\rangle_p \qquad (5.1.8)$$

がわかります。次に

$$
\begin{aligned}
\left\langle \left| \frac{\#_i}{\#} - \left\langle \frac{\#_i}{\#} \right\rangle_p \right|^2 \right\rangle_p &= \left\langle \left(\frac{\#_i}{\#} \right)^2 - 2\left(\frac{\#_i}{\#} \right)\left\langle \frac{\#_i}{\#} \right\rangle_p + \left\langle \frac{\#_i}{\#} \right\rangle_p^2 \right\rangle_p \\
&= \left\langle \left(\frac{\#_i}{\#} \right)^2 \right\rangle_p - 2\left\langle \left(\frac{\#_i}{\#} \right) \right\rangle_p \left\langle \frac{\#_i}{\#} \right\rangle_p + \left\langle \frac{\#_i}{\#} \right\rangle_p^2 \\
&= \left\langle \left(\frac{\#_i}{\#} \right)^2 \right\rangle_p - \left\langle \frac{\#_i}{\#} \right\rangle_p^2 \\
&= \frac{1}{\#}\left(p_i(1 - p_i) \right) \qquad (5.1.9)
\end{aligned}
$$

により[2]、これらのことを総合すると

$$P\left(\left| \frac{\#_i}{\#} - p_i \right| < \epsilon \right) \geq 1 - \frac{p_i(1 - p_i)}{\epsilon^2 \#} \qquad (5.1.11)$$

となることがわかります。これが示したかったことです。

▌ 大数の法則（一般の場合） ▌　ここまでは経験確率がどの程度真の確率 p_i に近いかを考えましたが、一般に適当な「観測量」X について、$\#$

---

[2]……第 1 項の計算は (5.1.5) と同様にできます：

$$
\begin{aligned}
\left\langle \left(\frac{\#_i}{\#} \right)^2 \right\rangle_p &= \left\langle \left(\frac{1}{\#} \sum_{n=1}^{\#} X_n^{(i)} \right)^2 \right\rangle_p = \left\langle \frac{1}{\#^2} \sum_{n=1, m=1}^{\#} X_n^{(i)} X_m^{(i)} \right\rangle_p \\
&= \frac{1}{\#^2} \sum_{n=1, m=1}^{\#} \left\langle X_n^{(i)} X_m^{(i)} \right\rangle_p = \frac{1}{\#^2} \sum_{n=1, m=1}^{\#} \left\{ \begin{array}{ll} p_i & (m = n) \\ p_i^2 & (m \neq n) \end{array} \right. \\
&= \frac{1}{\#^2}\left(\#p_i + \#(\# - 1)p_i^2 \right) = \frac{1}{\#}\left(p_i(1 - p_i) \right) + p_i^2 \qquad (5.1.10)
\end{aligned}
$$

途中で場合分けが生じるのがポイントです。

回試行の平均値

$$X^{\#} = \frac{1}{\#} \sum_{n=1}^{\#} X_n \tag{5.1.12}$$

は

$$\mu = \langle X \rangle, \quad \sigma^2 = \langle (X - \mu)^2 \rangle \tag{5.1.13}$$

としたとき

$$P\Big(|X^{\#} - \mu| < \epsilon\Big) \geq 1 - \frac{\sigma^2}{\epsilon^2 \#} \tag{5.1.14}$$

となることが知られています[3]。つまり $\mu = \langle X \rangle$ を計算することが難しい場合、$X^{\#}$ で代用してよいということなので、サンプリングさえできれば期待値を計算する必要がないとさえ言えます。実際、素粒子物理学や物性物理学における多自由度系の統計力学において、様々な期待値を数値計算で求める際は、この事実に基づき、実際に期待値を計算するわけではなく、サンプリングによる観測量の平均値を計算するのが通例となっています。(5.1.14) のように $\# \to \infty$ で $X^{\#}$ がある値 μ に収束する確率が 1 となるとき、$X^{\#}$ は μ に確率収束する、と言います。

▌ **中心極限定理 (central limit theorem)** ▌ ここで例の客を再び登場させることにしましょう。

(5.1.14) が成り立つのはわかった、けど結局 $X^{\#}$ の値は何になるんだ？

★3……一般の場合の導出は読者の方におまかせします。

このような意見はある意味で自然でしょう。(5.1.14) ではサンプリング平均が期待値に近づく（すなわち確率収束する）ことは言っていますが、どのように近づくのかまでは教えてくれません。それを教えてくれるのが中心極限定理と呼ばれるもので、$\mathcal{N}(\mu, \sigma^2)$ を平均 μ, 分散 σ^2 のガウス分布であるとして、

$$P(X^\#) \to \mathcal{N}\left(\mu, \frac{\sigma^2}{\#}\right) \tag{5.1.15}$$

つまり、サンプル数 $\#$ が大きいとき、サンプル平均は、平均値が目的の期待値であり分散がもとの観測量の分散をサンプル数 $\#$ で割った値を持つようなガウス分布に従う、ということです。これを分布収束[★4] などといいます。もう少し具体的な言い方をすると、

$$X^\# \text{ はおおよそ 7 割の確率で区間 } \left[\mu - \frac{\sigma}{\sqrt{\#}}, \mu + \frac{\sigma}{\sqrt{\#}}\right] \text{ に入る} \tag{5.1.16}$$

ということでもあります[★5]。これを導くには確率分布をフーリエ変換をします[★6]。

$$\int dX^\# e^{itX^\#} P(X^\#) = \langle e^{itX^\#} \rangle_{X^\#}$$

$$= e^{it\mu} \langle \prod_{n=1}^{\#} e^{it\frac{1}{\#}(X_n - \mu)} \rangle_{X^\#}$$

★4······法則収束とも呼ばれます。

★5······この区間を 1σ と呼ぶ場合があります。素粒子物理学では $3\sigma = 99.73\%$ 程度の自信の観測結果を「証拠」、$5\sigma = 99.99994\%$ 程度の自信の観測結果を「発見」と呼びます [62]。

★6······統計の言葉では特性関数と呼ばれます。

$$= e^{it\mu} \prod_{n=1}^{\#} \left\langle \left(1 + it\frac{1}{\#}(X_n - \mu) - \frac{t^2}{2\#^2}(X_n - \mu)^2 \right. \right.$$
$$\left. \left. + \dots \right)\right\rangle_{X_n}$$
$$= e^{it\mu} \prod_{n=1}^{\#} \left(1 + \frac{1}{\#}\underbrace{\left(\frac{-t^2}{2\#}\sigma^2 + \dots\right)}_{\spadesuit}\right) = e^{it\mu}\left(1 + \frac{\spadesuit}{\#}\right)^{\#}$$
$$\to e^{it\mu + \spadesuit} \tag{5.1.17}$$

するとこの逆変換（もとの $X^{\#}$ についての確率分布に戻るはず）は

$$\frac{1}{2\pi} \int dt \; e^{-itX^{\#}} e^{it\mu + \spadesuit}$$
$$= \frac{1}{2\pi} \int dt \; e^{-itX^{\#}} e^{it\mu - \frac{t^2}{2\#}\sigma^2 + \dots}$$
$$= \frac{1}{2\pi} \int dt \exp\left(-it(X^{\#} - \mu) - \frac{t^2}{2\#}\sigma^2 + \dots\right)$$
$$= \frac{1}{2\pi} \int dt \exp\left(-\frac{\sigma^2}{2\#}(t + i\#\frac{X^{\#} - \mu}{\sigma^2})^2 - \frac{\#}{2\sigma^2}(X^{\#} - \mu)^2 + \dots\right)$$
$$\approx \sqrt{\frac{\#}{2\pi\sigma^2}} \exp\left(-\frac{\#}{2\sigma^2}(X^{\#} - \mu)^2\right) \tag{5.1.18}$$

となり、これは確かに、平均 μ、分散 $\frac{\sigma^2}{\#}$ のガウス分布 $\mathcal{N}\left(\mu, \frac{\sigma^2}{\#}\right)$ です。なお、[63] によると、物理学の「くりこみ群」のアイデアを用いて、同じ結論が導けます。興味のある方は一読してみることをおすすめします。

▌ 機械学習における中心極限定理の意義 ▌ 大数の法則のはじめの例に
戻ってみます。真の確率は与えられず (5.1.1)「のみ」が与えられたときに、最も尤もらしい真の確率の推定量 q_i は

$$q_i = \frac{\#_i}{\#} \tag{5.1.19}$$

なのでした（第 1 章の脚注参照）。中心極限定理によると、この「最良」の
推定量 q_i は

おおよそ 7 割の確率で $p_i - \sqrt{\dfrac{p_i(1-p_i)}{\#}} < q_i < p_i + \sqrt{\dfrac{p_i(1-p_i)}{\#}}$ となる

$$\tag{5.1.20}$$

わけです。(5.1.19) を機械学習の結果と考えるとき、(5.1.20) はこの「機
械」の汎化性能を表していると考えられます。汎化させる、すなわち q_i が
p_i に非常に近づくためには、サンプル個数 $\#$ を大きくとればとるほど良
いということがわかります。このことは第 2 章で説明した VC 次元を用
いた汎化性能の不等式 (2.2.4) を彷彿させます。実際、汎化性能の不等式
(2.2.4) の右辺第 2 項の分母に $\sqrt{\#}$ があることは、(5.1.20) と同じであり、
この部分が中心極限定理由来であることを示唆しています。このように、
中心極限定理は汎化性能と密接に関係しているのです。

5.2　様々なサンプリング法

　次にモデルの方に目を向けてみましょう。本書では教師あり機械学習の
モデルをパラメータ付き条件付き確率

$$Q_J(d|x) \tag{5.2.1}$$

としたのでした。実際にこのモデルを「運用」するときは、その確率に従っ
てラベル付をしたいわけですが、確率の値を知っていることと、その確率
に従ってサンプリングするということの間にはギャップがあります。例え
ば読者の方が「確率 $1/6$ で $1, 2, 3, 4, 5, 6$ のどれかを出力する機械」を作

りたいとき、どうするでしょうか。簡単なのはサイコロを作り、サンプリングはそのサイコロを実際に振ればよいわけです。しかし (5.2.1) は入力 x ごとに d の確率が変動します。そのたびに様々な形のサイコロを作り続けるというのも馬鹿らしい話です。

さらに悪いことに、より一般には次章で説明するような、そもそも確率値すら計算の難しい機械学習モデルも存在します。このようなときでも、サンプリングだけは可能、となる場合があるのです★7。サンプリングさえできれば、期待値などは大数の法則 (5.1.14) や中心極限定理 (5.1.15) に基づき、期待値をサンプル平均値に置き換える手法で計算できます。

このように、サンプリングの手法は機械学習の方法において、理解しておくに値する重要な概念です。以下では、乱数（一様確率からのサンプリング）が与えられたとして★8 より複雑な確率からのサンプリングを実行する手法を紹介します。

5.2.1 逆関数法

一様分布に従う z のサンプリングは可能として、ここから確率分布 $P(x)$ に従う x のサンプリングを行うにはどうすればよいでしょうか？ ポイントは z が $[0, 1]$ に値をとるというのが、そのまま確率の性質として使えるということです。まず、x を見いだす確率は

★7……他にも本書では説明しませんが、ベイズ推定において事後分布と呼ばれる確率分布の計算なども、この場合に相当します。

★8……実のところ、真の乱数を古典の計算機で作ることはできません。乱数の定義はコルモゴロフ (Kolmogorov) 複雑性から与えられるため、無限の長さのランダムな列を用意することができないのです。また実用上同じ乱数列が欲しい場合も多くあるため、再現可能でかつ、統計的に偏りのない、有限周期の数列である擬似乱数を用います。ノイマン (von Neumann) 曰く「演算で乱数を作りだすのは一種の犯罪」とのことですが、現代では工夫を凝らして使われています。統計的に偏りのある擬似乱数生成法を用いると、シミュレーションで得たイジング模型の転移温度の計算がおかしくなる例も知られています [64]。統計的に偏りがないだけでなく、同じ並びが現れないという長周期性も大規模計算では必要です。最近ではメルセンヌ・ツイスタと呼ばれる松本眞と西村拓士によって発表されたものが世界的に使われています [65]。これは長い周期や均等分布性、すばやく生成できるなどの長所があります。この他にも XorShift や MIXMAX など疑似乱数生成器も提案されています [66, 67]。詳しくは他の教科書を参照してください [68, 69]。

$$P(x)dx \tag{5.2.2}$$

ですが、これが仮に

$$dF(x) = P(x)dx \tag{5.2.3}$$

と書けたとします。

一様分布に従う z を見出す確率は dz に比例するので、(5.2.3) は $F(x) = z$ とみなした後、F の逆関数 F^{-1} を使って、

$$x := F^{-1}(z) \tag{5.2.4}$$

とすることで x が望みの確率分布 $P(x)$ からのサンプリングになることを意味します。これを逆関数法と言います。逆関数法を実際に実行するには F や F^{-1} が解析的に計算できることが必要となります。

ボックス・ミュラー法 (Box-Muller method)

逆関数法の具体例として、2次元ガウス分布

$$P(x, y) = \frac{1}{2\pi} e^{-\frac{1}{2}(x^2 + y^2)} \tag{5.2.5}$$

からの (x, y) のサンプリングをどうすべきか考えてみましょう。ガウス積分の導出を極座標を導入して実行した経験がある読者の方は、それを思い出してもらうとよいかもしれません。まず2次元極座標

$$x = r\cos\theta, \quad y = r\sin\theta \tag{5.2.6}$$

を考えます。すると確率密度は $\lambda = \frac{r^2}{2}$ として

$$P(x, y)dxdy = \frac{d\theta}{2\pi} \cdot e^{-\lambda}d\lambda \tag{5.2.7}$$

となることがわかります。まず θ は $[0, 2\pi]$ の一様分布と思えます。また λ は $[0, \infty]$ 区間上の指数分布と呼ばれる確率分布に従うことになりました。いま一様分布はできると仮定していますので、あとは λ からのサンプリングができれば $r = \sqrt{2\lambda}$ とし、(5.2.6) の変換を施せば (x, y) のサンプリングができたことになるでしょう。λ のサンプリングに逆関数法が使えそうです。というのは

$$e^{-\lambda}d\lambda = d(-e^{-\lambda}) \tag{5.2.8}$$

なので、$F(\lambda) = -e^{-\lambda}$ です。この逆関数は $z = F(\lambda) = -e^{-\lambda}$ を λ について解けば

$$\lambda = -\log(-z) = F^{-1}(z) \tag{5.2.9}$$

ですので、この値を λ とすればよいわけです。これをボックス・ミュラー法 [70] と呼びます。このようにして、一様分布サンプリングから、逆関数法を用いれば (5.2.3) のような $F(x)$ が見つけられる場合、すなわち不定積分が厳密に書き下せる確率密度関数の場合は、サンプリングが可能となります。

5.2.2 棄却サンプリング (rejection sampling)

しかしながら、確率密度関数 $P(x)$ の厳密な不定積分はいつでもわかるわけではありません。そのような場合にも使えるのが棄却サンプリング法と呼ばれるものです。棄却サンプリングでは、何らかの確率分布 $Q(x)$ からのサンプリングは可能なものとします。例えば $Q(x)$ については逆関数

法が使えるようなものを使うなどするわけです。もう一つ、この方法を使うためには

何らかの数 $M > 0$ があって、どんな x についても $MQ(x) \geq P(x)$ (5.2.10)

が満たされなければなりませんが、それさえ満たせば以下のようにして $P(x)$ からのサンプリングが可能となります。

1. $x_{候補}$ を $Q(x)$ からサンプリングする
2. $\frac{P(x_{候補})}{MQ(x_{候補})}$ が乱数 $0 < r < 1$ より大きければ、$x_{候補}$ をサンプルとして採用します。これをアクセプトされた (accepted) といいます。もし上記の条件を満たせなかった場合、残念ですが $x_{候補}$ のことは忘れることにします。これをリジェクトもしくは棄却された (rejected) といいます[9]。

なぜこれでよいかを理解するにはベイズの定理（2章コラム参照）を使い、アクセプトされるような x の確率分布

$$P(x|\text{accepted}) = \frac{P(\text{accepted}|x)Q(x)}{P(\text{accepted})}$$ (5.2.11)

を考えればわかります。なぜなら

$$P(\text{accepted}|x) = \frac{P(x)}{MQ(x)}$$ (5.2.12)

であり、

───────────────

[9]……後に登場するメトロポリス法でのリジェクトとは操作が異なるので注意が必要です。

$$P(\text{accepted}) = \int P(\text{accepted}|x)Q(x)dx = \frac{1}{M} \qquad (5.2.13)$$

を (5.2.11) に代入すれば

$$P(x|\text{accepted}) = P(x) \qquad (5.2.14)$$

となるからです。これはアクセプトされた $x_{候補}$ だけ集めてくると望む確率分布からのサンプリングになっていることを意味します。これでかなり多くの確率分布からサンプリングできるようになりました。

┃ 棄却サンプリングの弱点 ┃ 棄却サンプリングがうまく機能するためには (5.2.10) が必要です。また、もし (5.2.10) が満たされていたとしても、M の値が非常に大きい場合、リジェクトされる可能性が大きくなってしまい、サンプリングができなくなってしまいます。さらに、棄却サンプリングでは折角計算した $x_{候補}$ を平気で捨て去るため、もし一回の $Q(x)$ からのサンプリングに時間を要する場合、あまり効率的にサンプルを集めることができません。棄却サンプリングが実用的になるためには、望みの $P(x)$ に対し、「心眼」を持って、良い $Q(x)$ を提案する能力が必要なわけです。

例えば $x = s_i$ がスピン配位、$P(x) = P(s_i)$ が統計力学における**イジング模型**[10] の場合を考えます。イジング模型は、格子の i でラベルされた各点に 1 か -1 の値をとる変数（スピン）がある、と考える磁石の古典的な模型です。格子の大きさが $L_x \times L_y$ であるような 2 次元イジング模型の場合では、i は、1 から $2^{L_x L_y}$ まで動くことができます。具体的に考えてみると、例えば $L_x = L_y = 10$ だとしても、$2^{10 \times 10} \approx 1.27 \times 10^{30}$ となって、莫大な範囲に対しての確率分布を考えなければなりません。また高次元に行けば行くほど、i の動ける範囲は一辺の大きさに対して指数関

★10……イジング模型に馴染みのない読者はコラムを参照してください。

数的[★11] に増加していきます。このような現象は、**次元の呪い**と呼ばれています。このような場合、上手い提案分布 $Q(s_i)$ を思いつくのは至難の業です。

5.2.3 マルコフ連鎖

そのような場合でも有用なサンプリング手法がマルコフ連鎖を用いるものです。この小節では、**マルコフ連鎖** (Markov chain) について基礎的な事項を具体例を用いて説明します [71]。特に**ゴーテンベルグ** (Gothenburg) **の天気模型**と**ロサンゼルス** (Los Angeles) **の天気模型**という二つの題材を取り上げて、マルコフ連鎖を導入します。ここでの例は説明のために上に挙げたような次元の呪いはありませんが、議論の本質を失いません。

▎ **マルコフ連鎖** ▎ ここからは具体例を通して、マルコフ連鎖を導入します。特にある地点の 1 日の天気というものに着目し、さらに簡単のために天気が雨天、もしくは晴天しかないとします。ここでの天気は「状態」と呼ばれるものになっています。文献に従い、$s_1 = $ 雨天、$s_2 = $ 晴天 とします。さらに、2 状態に対する確率分布を表すベクトル $\vec{P}$ を導入しましょう。これは、雨天である確率を $P_雨$、晴天である確率を $P_晴$ としたときに、

$$\vec{P} = \begin{pmatrix} P_雨 \\ P_晴 \end{pmatrix} \tag{5.2.15}$$

と並べたものです。ここで確率分布ですので、$\sum_i P_i = 1$ をみたすことに注意しましょう。

ある地域の天気は、$s_1 \to s_2 \to s_1 \to s_1 \to \cdots$ のように毎日変わっていきます。明日の天気を予想するために、簡単な模型を考えます。例えば

[★11]……d 次元の一辺が L の "正方" 格子だとしたら、i の動ける範囲は、2^{L^d} となります。例えば、3 次元の一辺が 10 の立方格子だとしたら、i の動ける範囲は、$2^{10^3} \approx 1.07 \times 10^{301}$ となります。

「晴れの次の日は、晴れが多いだろうし、雨の次の日は、雨が多いだろう」という仮定を置いてみると、これはゴーテンベルグ (Gothenburg) の天気模型と呼ばれるモデルになります。次に述べるように、これはマルコフ連鎖になっています。

マルコフ連鎖は状態間の遷移によって定義されます。ただし、状態の遷移が現在の状態にしか依らず、過去の履歴に依存しないようなもののみを考えます。上の天気模型は、次の日の天気が前の日の天気にのみ依存していると仮定したのでマルコフ連鎖となっています。

このときに「次の日の天気の確率分布」を「前日の確率分布」から与える**遷移行列** (transition matrix) と呼ばれるものを導入できます。

$$\mathbb{T}_{\mathrm{G}} = \begin{pmatrix} 0.75 & 0.25 \\ 0.25 & 0.75 \end{pmatrix} \tag{5.2.16}$$

ここで、次の日が同じ天気である確率を 75%、次の日が異なる天気である確率を 25% としました[12]。

次に遷移行列の使い方を見ていきましょう。具体的に初期状態を与え、それがどのように遷移していくか、例をもとに説明します。初期状態として雨天からスタートしてみます:

$$P_0 = \begin{pmatrix} 1 \\ 0 \end{pmatrix} \tag{5.2.17}$$

すると次の日の天気の確率分布 $\vec{P}_1$ は、遷移行列を用いて以下の用に計算でき、

---

[12] ⋯⋯ 確率の規格化を満たすために、縦方向に和をとったものが 1 である必要があります。

$$\vec{P}_1 = \mathbb{T}_\mathrm{G} P_0 = \begin{pmatrix} 0.75 \\ 0.25 \end{pmatrix} \tag{5.2.18}$$

となります。つまり翌日の天気の確率分布は、雨の確率が 75%、晴れの確率が 25%とわかります。さらに翌日の天気の確率分布 $\vec{P}_2$ を考えてみると、

$$\vec{P}_2 = \mathbb{T}_\mathrm{G}^2 P_0 = \begin{pmatrix} 0.625 \\ 0.375 \end{pmatrix} \tag{5.2.19}$$

と晴れる確率が 4 割程度であると予想できます。n 日後の確率分布を $\vec{P}_n$ と置くと、

$$\vec{P}_\infty = \lim_{n \to \infty} \mathbb{T}_\mathrm{G}^n P_0 = \begin{pmatrix} \frac{1+2^{-n}}{2} \\ \frac{1-2^{-n}}{2} \end{pmatrix} \tag{5.2.20}$$

となり、$n \to \infty$ では、

$$\vec{P}_\infty = \begin{pmatrix} \frac{1}{2} \\ \frac{1}{2} \end{pmatrix} \tag{5.2.21}$$

となって、「天気が雨か晴れかわからない」という結論を得ます。

ところで、遷移行列 $\mathbb{T}_\mathrm{G}$ の最大固有値は 1 ですが、この最大固有値に対応する固有ベクトル $\vec{v}_\mathrm{G}$ は、

$$\vec{v}_\mathrm{G} = \begin{pmatrix} \frac{1}{2} \\ \frac{1}{2} \end{pmatrix} \tag{5.2.22}$$

となり、$\vec{P}_\infty$ と一致します[★13]。$\vec{P}_\infty$ と $\vec{v}_G$ が一致するのは偶然ではなく、実は、ペロン・フロベニウスの定理と呼ばれる定理の特別な例となっています。

ここで、各要素が非負[★14]である行列 A に対する**ペロン・フロベニウスの定理**の帰結を述べましょう[★15]。

> **ペロン・フロベニウス (Perron-Frobenius) の定理：**
> 行列 A は、各要素が実数、特に正で既約[★16]、かつ固有値が非負であるとする。また、ある正の整数 n について A^n の各成分が 0 より大きいとも仮定する[★17]。このとき A は次をみたす正の固有値 α（ペロン・フロベニウス根）を持つ。
>
> 1. A のある固有値 α 以外の固有値 λ に対し、$|\lambda| < \alpha$
> 2. α は縮退せず、全成分が正の固有ベクトルを持つ

先程の例で、$n \to \infty$ の確率分布と $\mathbb{T}_G$ の固有ベクトルが一致したのは、一つ目の性質から、$\mathbb{T}_G$ をたくさん掛けたときに最大固有値に属する縮退していない固有ベクトルが取り出されたのです[★18]。そしてその固有ベクトルは、正であるので確率分布として解釈可能であり、これらすべてがペロン・フロベニウスの定理から保証されています。

次にロサンゼルス (Los Angels) の天気模型と呼ばれるモデルを考えて

[★13]……もう一方の固有ベクトル $\vec{v}'_G$ は、

$$\vec{v}'_G \propto \begin{pmatrix} 1 \\ -1 \end{pmatrix} \tag{5.2.23}$$

となっており、確率の正定値性を満たしません。

[★14]……行列 A が正定値であることと各要素が正であることの違いに注意してください。行列 A が正定値であるとは、対角化したときに固有値がすべて正であることで、行列の相似変換に対して不変な性質として定義されます。一方で各要素が正である性質は、行列の相似変換に対して不変な性質ではありません。

[★15]……証明については、物理学に必要な数学が説明されている田崎晴明氏のノート [72] などを参照してください。

[★16]……行列がブロック対角にできないということです。

[★17]……これはマルコフ連鎖における非周期性の仮定です。

[★18]……数値計算に強い読者は、固有値計算に用いるベキ乗法 (power method) を思い出してください。

みましょう。これは、「晴れの日が多いだろう」という非対称な模型です。その遷移行列は以下で与えられます。

$$\mathbb{T}_{\mathrm{LA}} = \begin{pmatrix} 0.5 & 0.1 \\ 0.5 & 0.9 \end{pmatrix} \tag{5.2.24}$$

初期状態を再び $P_0 = s_1$ として、次の天気の確率分布を考えてみましょう。

$$\vec{P}_1 = \mathbb{T}_{\mathrm{LA}} P_0 = \begin{pmatrix} 0.5 \\ 0.5 \end{pmatrix} \tag{5.2.25}$$

雨 50%、雨 50% という確率分布になります。さらに翌日は、

$$\vec{P}_2 = \mathbb{T}_{\mathrm{LA}}^2 P_0 = \begin{pmatrix} 0.3 \\ 0.7 \end{pmatrix} \tag{5.2.26}$$

となり、晴れの確率が高い、ということがわかります。$\mathbb{T}_{\mathrm{LA}}$ の各要素は、正であるのでペロン・フロベニウスの定理が適用可能です。そこで $\mathbb{T}_{\mathrm{LA}}$ の固有ベクトルを求め、$n \to \infty$ での確率分布を求めることにします。最大固有値に属する固有ベクトル $\vec{v}_{\mathrm{LA}}$ は、

$$\vec{v}_{\mathrm{LA}} = \begin{pmatrix} 1/6 \\ 5/6 \end{pmatrix} \approx \begin{pmatrix} 0.17 \\ 0.83 \end{pmatrix} \tag{5.2.27}$$

となります。つまり、

$$\vec{P}_\infty \approx \begin{pmatrix} 0.17 \\ 0.83 \end{pmatrix} \tag{5.2.28}$$

120 第 5 章 サンプリングの必要性と原理

であるので、無限の未来で晴れである確率は、約 83% となります。

5.2.4 マスター方程式と詳細釣り合いの原理

この小節では、マルコフ連鎖がある確率分布に収束する**十分条件**である**詳細釣り合いの原理** (detailed balance) を導出します。前の小節では 2 状態におけるマルコフ連鎖を導入しましたが、この小節では N 状態を扱います。なお、連続的な変数によってラベルされる状態に関しては取り扱わないものとします。また、後の目的のためにステップ数のラベルを n から t に変更しておきます。

状態を一つ定めると、それを与える確率が決まるべきなので、確率を状態の関数として定義します。

$$[状態\ s_i\ がマルコフ連鎖のステップ\ t\ で実現する確率] \equiv P(s_i; t)$$
(5.2.29)

また各ステップ t でどれかの状態にいる必要があるので

$$1 = \sum_i P(s_i; t)$$
(5.2.30)

を要請します。

$P(s_j|s_i)$ を状態 s_i から s_j への遷移確率とします[19]。ここでステップ t と次のステップ $t + \Delta t$ のすべての確率は、以下の確率の保存則をみたすことを要請しましょう。流体力学や電磁気学での単位体積のエネルギー保存則や電荷の保存則を思い出すと、「s_i の変化分 $= -s_i$ から出ていく分 $+s_i$ に入ってくる分」なので、

---

[19]······ これは条件付き確率ですが、この文脈では遷移確率と呼ばれます。

$$\frac{P(s_i; t + \Delta t) - P(s_i; t)}{\Delta t} = -\sum_{j \neq i} P(s_i; t) P(s_j | s_i) + \sum_{j \neq i} P(s_j; t) P(s_i | s_j)$$

$$(5.2.31)$$

となるべきです。これを少し変形すると、ステップ数 $t + \Delta t$ における状態 s_i をとる確率を得ます。

$$P(s_i; t + \Delta t) = P(s_i; t) - \sum_{j \neq i} P(s_i; t) P(s_j | s_i) \Delta t + \sum_{j \neq i} P(s_j; t) P(s_i | s_j) \Delta t.$$

$$(5.2.32)$$

右辺の第 2 項は、状態 s_i から出ていく確率、第 3 項は状態 s_i になる確率です。

つぎに、N 状態に対する確率ベクトルを導入します。

$$\vec{P}(t) = \begin{pmatrix} P(s_1; t) \\ P(s_2; t) \\ \vdots \\ P(s_N; t) \end{pmatrix} \qquad (5.2.33)$$

確率ベクトル $\vec{P}(t)$ を用いると、分布の変化 (5.2.32) は、

$$\vec{P}(t + \Delta t) = \mathbb{T} \vec{P}(t) \qquad (5.2.34)$$

と書けます。ここで遷移行列 $\mathbb{T}$ は、

$$\mathbb{T} = \begin{pmatrix} a_{11} & \cdots & a_{1N} \\ \vdots & \ddots & \vdots \\ a_{N1} & \cdots & a_{NN} \end{pmatrix} \qquad (5.2.35)$$

また遷移確率 $P(s_j|s_i)$ との関係は、

$$a_{ij} = P(s_i|s_j)\Delta t \quad i \neq j, \tag{5.2.36}$$

$$a_{ii} = 1 - \sum_{j \neq i} P(s_j|s_i)\Delta t \tag{5.2.37}$$

としました。以下では、$\Delta t = 1$ ととることにします。

ここでは $\vec{P}(0)$ をある確率ベクトルとして、

$$\mathbb{T}^n \vec{P}(0) \to \vec{P}_{\text{eq}}, \tag{5.2.38}$$

を $n \to \infty$ の極限で仮定することにします[20]。つまり確率ベクトルの収束先が存在し、そこに到達すると仮定します。この極限に現れる確率分布 $\vec{P}_{\text{eq}}$ は、この文脈では、平衡分布と呼ばれています。平衡分布 $\vec{P}_{\text{eq}}$ が、上記の極限で現れるなら、以下をみたします。

$$\mathbb{T}\vec{P}_{\text{eq}} = \vec{P}_{\text{eq}}. \tag{5.2.39}$$

これは、行列要素で書くと

$$\sum_j a_{ij} P_{\text{eq}}(s_j) = P_{\text{eq}}(s_i), \tag{5.2.40}$$

となり、さらに左辺の和を j と i に分割すると

---

[20]......一般の場合について述べておくと、各要素が非負な $\mathbb{T}$ に対するマルコフ連鎖が一意に収束するためには、すべての遷移が次の二つを満たすことが必要です [73]：

1. 既約性（エルゴード性）。つまり $\mathbb{T}$ がブロック対角でないこと。
2. 非周期性（一定の周期で必ず現れる状態が存在しないこと）。

$$\sum_{j \neq i} a_{ij} P_{\mathrm{eq}}(s_j) + a_{ii} P_{\mathrm{eq}}(s_i) = P_{\mathrm{eq}}(s_i). \tag{5.2.41}$$

となります。そして a_{ij} の定義を代入すると

$$\sum_{j \neq i} P(s_i|s_j) P_{\mathrm{eq}}(s_j) + \Big(1 - \sum_{j \neq i} P(s_j|s_i)\Big) P_{\mathrm{eq}}(s_i) = P_{\mathrm{eq}}(s_i), \tag{5.2.42}$$

となって、収束条件を与える方程式

$$\sum_{j \neq i} \Big(P(s_i|s_j) P_{\mathrm{eq}}(s_j) - P(s_j|s_i) P_{\mathrm{eq}}(s_i) \Big) = 0. \tag{5.2.43}$$

が得られました。これを**マスター方程式** (Master equation) と呼びます。

このマスター方程式の解の一つに、下記の詳細釣り合いの原理があります。

$$P(s_i|s_j) P_{\mathrm{eq}}(s_j) = P(s_j|s_i) P_{\mathrm{eq}}(s_i). \tag{5.2.44}$$

これは、マルコフ連鎖の収束性に対する十分条件であることに注意しましょう。

詳細釣り合いの原理は、マルコフ連鎖の収束性に対する十分条件をあたえますが、そこに現れる遷移確率 $P(s_i|s_j)$ の選び方に自由度があります。下記ではまず、応用先であるマルコフ連鎖モンテカルロ法を説明して、次の節では、$P(s_i|s_j)$ の代表的な選び方を紹介します。

ここで前節で触れた天気に関する問題と、マルコフ連鎖モンテカルロ法の違いについて触れておきます。天気モデルでは、遷移行列 $\mathbb{T}$ が与えられて、収束先の P_{eq} を後に決定しました。一方でマルコフ連鎖モンテカルロ法を用いる際には、P_{eq} が既知で、$\mathbb{T}$ をそれに合わせて設計することになります。このときの指針が、詳細釣り合いの原理となるのです。

5.2.5 マルコフ連鎖を用いた期待値計算、重点サンプリング

上の議論から、適当な条件をみたすマルコフ連鎖を用いると、平衡分布 P_{eq} を得られることがわかりました。実際には、$n \to \infty$ をとることができないため、以下のような手順で計算を行うことになります。

まず適当な状態からスタートして十分な回数だけ遷移させた後の確率分布を考えてみましょう。つまり $k \gg 1$ に対して、

$$\vec{P}_{\text{eq}} \approx \mathbb{T}^k \vec{P}_0 = \vec{P}_{\text{eq,app}}^{(k)} \tag{5.2.45}$$

を考えます。すると収束性と $k \gg 1$ より $\vec{P}_{\text{eq,app}}^{(k)}$ は、$\vec{P}_{\text{eq}}$ に十分近いと思えます[21]。言い換えると、この時点で得られている状態は平衡状態からのサンプリングだと「みなす」わけです。実際には判定は難しいですが、各ステップでの期待値を計算しておき、それらがある中心値の周りにゆらぎ始めれば、そこから先は、平衡に達したとみなします。

平衡に達したと思われる状態から一回だけアップデートした状態は、元の状態とほぼ同じなので、独立なサンプルだとみなせません。そのため、さらにアップデートを続けて $k' \gg k$ に到達したとしましょう[22]。そのときの状態は、前回のサンプルとは、独立なサンプルだとみなすことができるでしょう。これを繰り返します。

得られた状態の集まりで平均値をとると、大数の法則のため、平衡分布で高い確率に対応する状態に対する平均値が計算できることになります。つまり以下が実行できることになるわけです。

---

[21] ...... 詳しい議論は、[74] を参照してください。また $\vec{P}_{\text{eq}} \approx \mathbb{T}^k \vec{P}_0$ となる最初の k をバーンインタイム (burn-in time) や熱化時間 (thermalization time) と呼びます。

[22] ...... 適当な $|k' - k|$ を与える目安として、自己相関時間があります。詳しくは [75, 76] などを参照してください。

$$\sum_i P_{\text{eq}}(s_i)O(s_i) \approx \frac{1}{N_{\text{smp}}} \sum_k^{\text{MC}} O(s_k) \tag{5.2.46}$$

ここで、k は、上記のような長く離れたマルコフ連鎖 (Markov chain; MC) のステップを表します。また N_{smp} は、いくつ状態を使用したかを表します。さらに平衡分布までのずれからくる誤差まで含めると、

$$\sum_i P_{\text{eq}}(s_i)O(s_i) = \frac{1}{N_{\text{MC}}} \sum_k^{\text{MC}} O(s_k) + O\left(\frac{1}{\sqrt{N_{\text{MC}}}}\right) \tag{5.2.47}$$

となります。この誤差は、左辺の i の範囲などに依存しないことが本質的に重要です。つまり、どれだけ状態の空間が大きくても、マルコフ連鎖を使用して状態を更新し、たくさんの状態を手に入れることができれば、期待値を精密に評価できることになるわけです。このようにマルコフ連鎖を利用して高確率で実現しているあろう状態をランダムにあつめる手法を**マルコフ連鎖モンテカルロ法** (Markov chain Monte Carlo; MCMC) と呼びます。

最後に、条件 $k \gg 1$ の由来についてコメントしておきます。見てきた通り、遷移行列 $\mathbb{T}$ に対するペロン・フロベニウスの定理によって、収束先は一意でした。そして収束先は、最大固有値 1 に対する固有ベクトルそのものでした。固有ベクトルを適当な初期ベクトルから多数回の行列積で得ることができる[23] わけですが、その収束性は、$\mathbb{T}$ の第 2 最大固有値で決まります。このあたりは非常に重要ですが、詳しい議論は、[77] などを参照してください。

次節では、具体的なマルコフ連鎖モンテカルロ法のアルゴリズムを紹介します。

---

[23]……いわゆるベキ乗法です。

5.3 詳細釣り合いを満たすサンプリング法

この節では、詳細釣り合いを満たすサンプリング法として、（狭義の）メトロポリス法 [78] と熱浴法 [79]（機械学習の文脈では Gibbs サンプラー [80]）を紹介します。ここで紹介する方法は一般にメトロポリス・ヘイスティングス法 (Metropolis-Hastings algorithm) [81] と呼ばれています。これらは、前節の詳細釣り合いの原理から導出されるので、狙った確率分布に収束します[★24]。

5.3.1 メトロポリス法

ここでは遷移確率 $P(s_i|s_j)$ の具体的なとり方として、狭い意味での**メトロポリス法** (Metropolis method) を紹介します。メトロポリス法の特徴として、確率分布を明示的に求める必要がなく、物理における**ハミルトニアン**（エネルギー関数）さえあればよいことが挙げられます。

議論を具体的にするために平衡分布 $P_{\mathrm{eq}}(s_j)$ を以下のようにとってみます。

$$P_{\mathrm{eq}}(s_i) = \frac{1}{Z_\beta} e^{-\beta H[s_i]}, \qquad (5.3.1)$$

ここで s_i ある状態で、$H[s_i]$ は系のハミルトニアンであるとしましょう。

さて、$H[s_i] < H[s_j]$ となる二つの状態 s_i と s_j を用意します。このときに状態 s_i は、状態 s_j よりもより低エネルギーなので、高確率で実現しているのがもっともらしいでしょう。この考察から、以下のように遷移確率をとってみることにします。

[★24]……なおここでは、クラスターアルゴリズム等のグローバルアップデートや、交換モンテカルロ、またベイズ統計の文脈で用いられるハミルトニアン（もしくは ハイブリッド）モンテカルロ (HMC) については紹介しません。興味のある読者はこれらについても学んでみるとよいでしょう。

$$P(s_i|s_j) = 1. \tag{5.3.2}$$

すると、詳細釣り合いの原理から反対側への遷移確率 $P(s_j|s_i)$ が決まってしまい、

$$e^{-\beta H[s_j]} = P(s_j|s_i)e^{-\beta H[s_i]}. \tag{5.3.3}$$

つまり、

$$P(s_j|s_i) = e^{-\beta(H[s_j]-H[s_i])} \tag{5.3.4}$$

を得ます。ここで遷移確率がエネルギー変化にのみに依存していることに注意しましょう。つまり状態を適当な手法で変化させエネルギーの変化をみると、遷移確率がわかることになります。遷移行列全体（もしくは分配関数）を求める必要がないので、最適であるかを別にすれば状態数に関わりなく適用が可能なある意味で万能なアルゴリズムとなっています。

メトロポリス法の実行手順をまとめると、以下のようになります。

1. まず、適当な状態 s_0 を用意します。以下、$i = 0, 1, 2, 3 \cdots$ と繰り返します。

2. s_i のときのハミルトニアン（$= H[s_i]$）を計算します。

3. 何らかの手法で、状態 s_i を $s_{候補}$ に変更します。

4. 変更した後の状態 $s_{候補}$ のハミルトニアン $= H[s_{候補}]$ を計算します。

5. もし、$H[s_{候補}]$ が $H[s_i]$ より小さければ、$s_{i+1} = s_{候補}$ として次に進みます。これをアクセプトされた (*accepted*) といいます。
   またそうでなくても、$e^{-\beta(H[s_{i+1}]-H[s_i])}$ が乱数 $0 < r < 1$ より小さければ、$s_{候補}$ をアクセプトします。上記の条件を満たせなかった場合、$s_{i+1} = s_i$ とします。（この過程をリジェクトされた (*rejected*) といいます）.

最後の部分（ステップ 5）は、特に**メトロポリステスト**とも呼ばれます。β は統計力学では逆温度ですが、一般の計算では、βH を再度 H と再定義してくりこんでしまう場合もあります。

この段階では、まだどういう風に状態を更新するかは指定されておらず、それは系に依存します。例えば、イジング模型の場合には、1 サイトのスピンを反転する、などがあります[★25]。

5.3.2 熱浴法

物理学において、**熱浴法** (heat bath method) と呼ばれるものも、詳細釣り合いの原理から導出できます。機械学習分野においては、ギブスサンプラー (Gibbs sampler) とも呼ばれます。熱浴法は、系の中の 1 自由度に着目し、その 1 自由度と「その他」（熱浴）に分け、熱浴に接する 1 自由度系の存在確率だけから（もとの取り出した自由度に関係なく）、その自由度の次の状態を決める方法です。

状態 s_i から状態 s_j への遷移確率を状態 s_j の存在確率に比例するようにとってみましょう。すなわち $P(s_j|s_i) \propto P_{eq}(s_j)$ のようにとります。規格化因子まで含めると、

$$P(s_j|s_i) = \frac{P_{eq}(s_j)}{\sum_k P_{eq}(s_k)} \qquad (5.3.5)$$

を得ます。また分母は状態が連続的であれば積分になります。この形は詳細釣り合いの原理そのものであるので、つねに詳細釣り合いの原理を満たす更新が可能です。また熱浴法は、定義から更新が現在の状態には依存しないという特徴を持ちます。一方ですべての状態への遷移確率、物理の言葉でいうなら局所的な分配関数（局所的な自由エネルギー）を計算する必

[★25]……ここでは紹介しませんが、HMC (Hamiltonian/Hybrid Monte-Carlo) 法は、メトロポリス法の一つの例とみなすことができます。

要があります。物理系であれば、すぐ下で述べるようにハミルトニアンが局所和で書かれている場合には実行可能ですが、このときには着目する自由度（イジング模型であれば1スピン）につながっている最近接部分を熱浴とみなすことに対応し、熱浴法という言葉の由来となっています。

具体例として**イジング模型**に対する熱浴法を説明しておきます。イジング模型のハミルトニアンは、サイト i では、

$$H_i = -S_i \sum_{j \in \langle i,j \rangle} S_j + (i \text{ に関係がない項}) \tag{5.3.6}$$

と書けています。この i に対する和をとると全系のハミルトニアンになります。ここで、S_i はイジングスピンであり、また $\langle i,j \rangle$ は i の最近接点の集まりを意味します。イジング模型の場合は、このようにサイトごとにハミルトニアンを書け、またそれに付随する局所的なボルツマン重み $\exp(-\beta H_i)$ も書き下せます。このときにサイト i にあるスピン S_i が次のステップでとりうる値は、以下のように決めることができます。サイト i にあるスピン一つに対する遷移確率を定義から、任意の状態を $*$ としておき

$$P_i(+|*) = \frac{\exp[-\beta R_i]}{\exp[-\beta R_i] + \exp[\beta R_i]} \quad (\text{次のステップで} +1 \text{ となる})$$
$$\tag{5.3.7}$$

$$P_i(-|*) = \frac{\exp[\beta R_i]}{\exp[-\beta R_i] + \exp[\beta R_i]} \quad (\text{次のステップで} -1 \text{ となる})$$
$$\tag{5.3.8}$$

とします。ここで、最近接からのエネルギー寄与を $R_i = -\sum_{j \in <i,j>} S_j$ としました。しかしよく見てみると、$P_i(+|*) = 1 - P_i(-|*)$ なので、さらに簡単化することができます。

上の手順をまとめると、

$$\omega^{(i)} = \frac{\exp[-\beta R_i]}{\exp[-\beta R_i] + \exp[\beta R_i]} \tag{5.3.9}$$

と置き、つぎに一様乱数 $\xi \in [0, 1)$ を用いて

$$S_i^{\mathrm{next}} = \begin{cases} 1 & (\xi < \omega^{(i)}) \\ -1 & それ以外 \end{cases} \tag{5.3.10}$$

と更新を行います。これがイジング模型に対する熱浴法で、たしかに着目しているスピン以外を熱浴であると考えて固定しているのがわかります。また 1 サイトに着目したおかげで状態数が二つしかなく、遷移確率の分母の計算も行うことができています。これを各点に対して行って、全体を更新していきます[26]。このような構成上、一般の模型に対して熱浴法が構成できるとは限りません。

★26······偶数番目の点同士は最近接でないため、同時に更新可能ですのでその部分は並列化可能です。

COLUMN

イジング模型から
ホップフィールド模型へ

　ここでは、機械学習と物理をつなぐ重要な模型であるイジング模型とその周辺を説明しましょう[★27]。**イジング模型**は、磁石をミクロな立場から説明する模型で、格子点の上に ± 1 をとりうる変数（スピン）がのっています。これを配位と呼んで $s = \{s_n\}_n$ と書きましょう。n は、格子点を指定する座標です。イジング模型のハミルトニアン $H[s]$ は、スピンの配位の汎関数となっています。このイジング模型の**ハミルトニアン**を用いてイジング模型の**分配関数** Z_β は以下の式で書かれます。

$$Z_\beta = \sum_{\{s\}} e^{-\beta H[s]} \qquad (5.3.11)$$

ここで、$\beta = 1/(k_B T)$ は逆温度です。分配関数は、温度に関して関数となっています。この $\{s\}$ に関する和は、可能なスピン配位すべてに関する和です。分配関数は、形式的に和の形で書かれていますが、実行することは一般的にはできません。現在のところ、和がとれるのは 1 次元と 2 次元 [83, 84] に限られています。これはイジング模型だけでなく、多くの統計力学で扱われる問題に共通する性質です。

　ここで直感を得るために 1 次元のイジング模型を考えてみましょう。1 次元イジング模型は、レンツ (W. Lenz) が考えた磁性体の模型で、その学生イジング (E. Ising) によって解かれたものです。1 次元イジング模型は、以下のハミルトニアンで与えられます。

[★27]......ここでは、統計力学の定式化については天下り的に与えます。統計力学の定式化については、[82] が詳しく与えられています。

$$H[s] = -J \sum_{\langle i,j \rangle} s_i s_j \qquad (5.3.12)$$

ここで、i と j は整数で、系のサイズを L としたとき、1 から L までとりえます。またスピンがとる値は $s_i = \pm 1$ です。$J(> 0)$ は結合定数で、以下では、$J = 1$ ととります。この場合にはスピンの符号が揃っているときにエネルギーが下がりますので強磁性イジング模型と呼ばれます。また $\langle i, j \rangle$ は、**最近接格子点 (nearest neighbor)** に対する和であることを示す記号です。

系の長さが $L = 3$ である場合でとりうるすべての配位を考えてみると、

$$\{s\} = \uparrow\uparrow\uparrow \quad H[s] = -3 \quad \sum_j s_j = 3$$

$$\{s\} = \uparrow\uparrow\downarrow \quad H[s] = 1 \quad \sum_j s_j = 1$$

$$\{s\} = \uparrow\downarrow\uparrow \quad H[s] = 1 \quad \sum_j s_j = 1$$

$$\{s\} = \uparrow\downarrow\downarrow \quad H[s] = 1 \quad \sum_j s_j = -1$$

$$\{s\} = \downarrow\uparrow\uparrow \quad H[s] = 1 \quad \sum_j s_j = 1$$

$$\{s\} = \downarrow\uparrow\downarrow \quad H[s] = 1 \quad \sum_j s_j = -1$$

$$\{s\} = \downarrow\downarrow\uparrow \quad H[s] = 1 \quad \sum_j s_j = -1$$

$$\{s\} = \downarrow\downarrow\downarrow \quad H[s] = -3 \quad \sum_j s_j = -3$$

と 8 通りあります。同時に周期的境界条件でのハミルトニアンの値 $H[s]$ とスピンの和（$\propto$ 磁化）も示しておきました。一般の L では、2^L 個のスピン配位があり、すべての配位について足し上げるということが難しいこ

とがわかると思います。ここでは、詳細は述べませんが、転送行列法という手法で厳密に解くことができます。すなわち、Z_β の閉じた関数形が求まります。厳密解から、1次元イジング模型は、どんな低温でも強磁性体になりえず、常磁性体であることがわかっています。

古典統計力学では、配位の実現確率は、確率で表現[28] されると考えます。逆温度 β で、あるスピン配位 s が実現する確率は、

$$P(s) = \frac{1}{Z_\beta} e^{-\beta H[s]} \tag{5.3.13}$$

で与えられます。この実現確率を用いて、期待値が定義されます。例えば、スピンの空間平均（磁化）の**期待値**は、

$$\langle M \rangle = \lim_{V \to \infty} \frac{1}{V} \sum_{\{s\}} \sum_n P(s) \sigma_n \tag{5.3.14}$$

となります。ここで V は体積です[29]。またヘルムホルツの自由エネルギーは、

$$F(\beta) = -\frac{1}{\beta} \log Z_\beta \tag{5.3.15}$$

と求まり、その他の物理量は、ヘルムホルツの**自由エネルギー**の微分から求まります。もしヘルムホルツの自由エネルギーの閉じた形が求まれば、統計力学としてその模型は解けた、という言い方をします。

イジング模型の主な解法は、以下のものです。

---

[28]……量子統計力学でフェルミオンがある場合には、負符号問題などがあり、確率解釈が成り立たない例もあります。

[29]……厳密に言うと、基底状態を一つに決めるために、外場を入れて対称性を壊しておき、体積無限大の極限の後、外場 0 の極限をとって $\langle M \rangle$ を計算する必要があります。

134 第 5 章 サンプリングの必要性と原理

1. 平均場近似
2. 転送行列法

平均場近似は、磁化で発生する磁場を外部磁場と同一視し自己無撞着に解く近似的手法です。1 次元の場合には間違った答えを出しますが、2 次元以上では、定性的に正しい結果を出します。転送行列法は、1、2 次元のときに有効な手法で、厳密解を与えます。しかしながら 3 次元以上のイジング模型の解法は 2019 年 1 月時点で知られていません。

　非自明な相構造を持つ模型として、2 次元イジング模型を考えてみます。2 次元イジング模型は、以下のハミルトニアンで与えられます、

$$H[s] = -J \sum_{\langle \vec{i}, \vec{j} \rangle} s_{\vec{i}} s_{\vec{j}} \tag{5.3.16}$$

ここで、$\vec{i} = (i_x, i_y)$ という格子上の点で、$\langle \vec{i}, \vec{j} \rangle$ は最近接格子点を表します。系のサイズが $L_x \times L_y$ であるとき、状態数は、$2^{L_x \times L_y}$ となります。この模型も転送行列法で解けることがわかっています。厳密解から、有限温度 $T_c = \frac{2}{\log(\sqrt{2}+1)}$ での相転移があることがわかっています [83,84]。つまり、常磁性体と強磁性体との間に転移があることが知られています。第 8 章で、ニューラルネットワークを用いて、この相転移を検出する手法について説明します。

　さて、イジング模型を拡張すると、機械学習の文脈で現れる**ホップフィールド模型**（第 10 章を参照）のハミルトニアンになります。まずはじめに、イジング模型を少しだけ拡張した Edwards-Anderson 模型を考えてみます。この場合、最近接の結合定数が、スピンの位置に依存します。

$$H[s] = -\sum_{\langle i, j \rangle} k_{i,j} s_i s_j - B \sum_i s_i \tag{5.3.17}$$

スピングラス模型として見る場合には、s についての状態和をとった後に、

結合定数について典型的にはガウス平均がとられます。最近接に限らず、かつ座標依存な磁場をかけた模型を考えてもよく、

$$H[s] = -\sum_{i,j} k_{i,j} s_i s_j - \sum_i B_i s_i \tag{5.3.18}$$

となります。これをホップフィールド模型のエネルギー関数[★30] と呼びます。これがボルツマンマシンに使われるハミルトニアンです。またこの形のハミルトニアンは、スピングラス模型の説明でも現れます。

　ここで統計力学と機械学習の視点の違いについて述べましょう。統計力学においては、逆温度 β や外部磁場 B を与えたときのスピンの空間平均である磁化率 $\langle M \rangle$ を求めます。一方で機械学習では、与えられた s を再現する $k_{i,j}$ を求めることになり、まさに逆を解く問題となっています。このような逆問題については、第7章で一般的に説明します。

　さて、スピンの種類を2種類に増やし v と h と呼びなおしましょう。

$$\begin{aligned} H[v,h] = &-\sum_{i,j} k_{i,j}^{vv} v_i v_j - \sum_i B_i^v v_i - \sum_{i,j} k_{i,j}^{hh} h_i h_j - \sum_i B_i^h h_i \\ &-\sum_{i,j} k_{i,j}^{vh} v_i h_j \end{aligned} \tag{5.3.19}$$

k^{vv} は、v スピン同士の結合、k^{hh} は、h スピン同士の結合、k^{vh} は、v と h のスピン同士の結合です。B は対応したスピンへの外場の結合です。この模型にも名前がついており、次章に登場する**ボルツマンマシン (Boltzmann machine)** になっています。詳しくは次章で説明されますが、困難を避けるために $k_{i,j}^{vv} = k_{i,j}^{hh} = 0$ とおいた制限ボルツマンマシンが実際に使われます。このように、イジング模型は単純な模型ではありますが機械学習への応用やアイデアの種となっています。

[★30]……厳密には、結合定数 $k_{i,j}$ に対してヘブ則や対称性を課す必要がありますがここでは触れません。

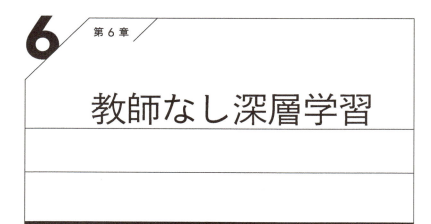

第6章 教師なし深層学習

　第 2 章やそれを踏まえた第 3 章では、入力とそれに対する教師信号からなるデータが与えられたときの機械学習について述べました。この章では趣を変えて、教師信号が与えられない場合の機械学習の方法について、生成モデルと呼ばれる場合に限って説明しましょう[★1]。

6.1　教師なし学習

教師なし学習 (unsupervised learning) とは

$$\{\vec{x}[i]\}_{i=1,2,\ldots,\#} \tag{6.1.1}$$

のようにただ単に「入力データ」だけしかなく、それに対する「教師信号」

[★1] ...... 生成モデルの他にも、クラスタリング、主成分分析などのタスクは教師なし学習に含まれます。ここで注意したいのは、データがあらかじめ与えられるという意味では、データすら与えられない**強化学習**などのスキームとは一線を画しているということです。強化学習は非常に重要な機械学習の手法ですが、本書では解説しません。代わりにここでいくつか文献を挙げておきます。まず定番の教科書は Sutton らによる [85] です。これは歴史的な経緯なども書かれています。一方、手っ取り早く現代的な視点を学びたい場合は [86] などがよいでしょう。また、[29] にも充実した解説があります。

がないようなデータを用いた機械学習スキームのことを言います。この場合でも、何らかの確率分布 $P(\vec{x})$ があって

$$\vec{x}[i] \sim P(\vec{x}) \tag{6.1.2}$$

だと考えます。そこで今度はモデル $Q_J(\vec{x})$ つまり、パラメータ群 J を持つ確率分布があって、これを $P(\vec{x})$ に近づけることを考えてみましょう。つまり

$$K(J) = \int d\vec{x}\ P(\vec{x}) \log \frac{P(\vec{x})}{Q_J(\vec{x})} \tag{6.1.3}$$

を小さくすることを考えます。これが達成されれば $Q_J(\vec{x})$ を使って「偽物」のデータを作ることができるようになります。

6.2　ボルツマンマシン

まず例によって $Q_J(\vec{x})$ として「統計力学」的なモデルを考えてみます。例えば

$$H_J(\vec{x}) = \sum_i x_i J_i + \sum_{ij} x_i J_{ij} x_j + \dots \tag{6.2.1}$$

のように $\vec{x}$ の成分ごとに相互作用が入ったハミルトニアンを考え

$$Q_J(\vec{x}) = \frac{e^{-H_J(\vec{x})}}{Z_J} \tag{6.2.2}$$

だとしてみましょう。このとき「結合定数」J をうまく調整して (6.1.3) を小さくできればよいわけです。これをボルツマンマシンと言います。最も

素朴なアルゴリズムは (6.1.3) を微分し、微分値を使って J を小さくしていくことでしょう：

$$J \leftarrow J - \epsilon \partial_J K(J) \tag{6.2.3}$$

微分値は

$$
\begin{aligned}
\partial_J K(J) &= \partial_J \int d\vec{x} \ P(\vec{x}) \log \frac{P(\vec{x})}{Q_J(\vec{x})} \\
&= -\int d\vec{x} \ P(\vec{x}) \partial_J \log Q_J(\vec{x}) \\
&= -\int d\vec{x} \ P(\vec{x}) \partial_J \Big[-H_J(\vec{x}) - \log Z_J \Big] \\
&= \langle \partial_J H_J(\vec{x}) \rangle_P - \langle \partial_J H_J(\vec{x}) \rangle_{Q_J}
\end{aligned}
\tag{6.2.4}
$$

となります。ここで

$$\langle \bullet(\vec{x}) \rangle_P = \int d\vec{x} \ P(\vec{x}) \bullet (\vec{x}) \tag{6.2.5}$$

は確率分布 P による期待値を表します。

▌ 実際の学習 ▐　ところで実際には $P(\vec{x})$ は直接わからず、わかるのはそこからの**サンプリング**とみなしたデータ (6.1.1) だけです。この場合 (6.2.4) のうち、第 1 項は積分をサンプリング平均に置き換えることで近似できます。一方で第 2 項は $Q_J(\vec{x})$ の形がわかっていたとしても計算は困難です。なぜなら分配関数の計算が必要だからです[★2]。そこで普通は第 2 項もモデ

[★2]……モンテカルロ法を用いて分配関数を求めることは非常に困難です。簡単に言えば、分配関数はすべての状態の情報が必要ですが、モンテカルロ法では期待値に大きく寄与する部分の情報を重点的に集めているからです。

ルを用いた何らかのサンプリング

$$\vec{y}[i] \sim Q_J(\vec{x}) \tag{6.2.6}$$

を用いて、

$$\partial_J K(J) = \langle \partial_J H_J(\vec{x}) \rangle_P - \langle \partial_J H_J(\vec{x}) \rangle_{Q_J}$$
$$\approx \sum_{i=1}^{N_{\text{positive}}} \frac{1}{N_{\text{positive}}} \partial_J H_J(\vec{x}[i]) - \sum_{i=1}^{N_{\text{negative}}} \frac{1}{N_{\text{negative}}} \partial_J H_J(\vec{y}[i]) \tag{6.2.7}$$

と近似します。第1項の近似は仕方がないとして、第2項のサンプリングがいかにきちんとできるかにアルゴリズムの良し悪しがかかってくることになります。

6.2.1 制限ボルツマンマシン

実は少し工夫するともう少し効率的な学習アルゴリズムを持つボルツマンマシンを構成することができます。それには「隠れ自由度」$\vec{h}$ を導入し

$$H_J(\vec{x}, \vec{h}) = \sum_i x_i J_i + \sum_\alpha h_\alpha J_\alpha + \sum_{i\alpha} x_i J_{i\alpha} h_\alpha \tag{6.2.8}$$

なるハミルトニアンを考え、**有効ハミルトニアン**

$$H_J^{\text{eff}}(\vec{x}) = \log Z_J - \log \sum_{\vec{h}} e^{-H_J(\vec{x}, \vec{h})} \tag{6.2.9}$$

140 第 6 章 教師なし深層学習

を考えます★3。そしてモデルを

$$Q_J(\vec{x}) = e^{-H_J^{\mathrm{eff}}(\vec{x})} \tag{6.2.10}$$

とします。このように相互作用が制限された模型を**制限ボルツマンマシン**といいます。

▎ **制限ボルツマンマシンの学習勾配** ▎ 式 (6.2.7) の $H_J(\vec{x})$ に (6.2.9) を代入してみると

$$
\begin{aligned}
&\partial_J K(J) \\
&= \langle \partial_J H_J^{\mathrm{eff}}(\vec{x}) \rangle_{\vec{x} \sim P} - \langle \partial_J H_J^{\mathrm{eff}}(\vec{y}) \rangle_{\vec{y} \sim Q_J} \\
&= \langle \partial_J \Big[\log Z_J - \log \sum_{\vec{h}} e^{-H_J(\vec{x}, \vec{h})} \Big] \rangle_{\vec{x} \sim P} \\
&\quad - \langle \partial_J \Big[\log Z_J - \log \sum_{\vec{h}} e^{-H_J(\vec{y}, \vec{h})} \Big] \rangle_{\vec{y} \sim Q_J} \\
&= \Big\langle \frac{\sum_{\vec{h}_n} e^{-H_J(\vec{x}, \vec{h}_n)} \partial_J H_J(\vec{x}, \vec{h}_n)}{\sum_{\vec{h}_d} e^{-H_J(\vec{x}, \vec{h}_d)}} \Big\rangle_{\vec{x} \sim P} \\
&\quad - \Big\langle \frac{\sum_{\vec{h}_n} e^{-H_J(\vec{y}, \vec{h}_n)} \partial_J H_J(\vec{y}, \vec{h}_n)}{\sum_{\vec{h}_d} e^{-H_J(\vec{y}, \vec{h}_d)}} \Big\rangle_{\vec{y} \sim Q_J} \\
&= \Big\langle \sum_{\vec{h}_n} P_J(\vec{h}_n | \vec{x}) \partial_J H_J(\vec{x}, \vec{h}_n) \Big\rangle_{\vec{x} \sim P} - \Big\langle \sum_{\vec{h}_n} P_J(\vec{h}_n | \vec{y}) \partial_J H_J(\vec{y}, \vec{h}_n) \Big\rangle_{\vec{y} \sim Q_J}
\end{aligned}
$$

$$\tag{6.2.11}$$

★3……有効ハミルトニアンは、式

$$\exp[-H_J^{\mathrm{eff}}(\vec{x})] = \sum_{\vec{h}} \exp[-H_J(\vec{x}, \vec{h})]/Z_J$$

を満足するように定義されています。

となります。ここで

$$P_J(\vec{h}_n|\vec{x}) = \frac{e^{-H_J(\vec{x},\vec{h}_n)}}{\sum_{\vec{h}_d} e^{-H_J(\vec{x},\vec{h}_d)}} \qquad (6.2.12)$$

は第2章のコラムで説明した条件付き確率です。ここにはまだ登場していませんが、逆の条件付き確率

$$P_J(\vec{x}_n|\vec{h}) = \frac{e^{-H_J(\vec{x}_n,\vec{h})}}{\sum_{\vec{x}_d} e^{-H_J(\vec{x}_d,\vec{h})}} \qquad (6.2.13)$$

も以下では必要になります。

▌ **制限ボルツマンマシンの学習** ▌ さて、このままでは通常のボルツマンマシンと同様に (6.2.11) の第2項の近似に $\vec{y} \sim Q_J(\vec{y})$ が必要であり、分配関数の計算をしなければなりません。このままでは大して状況は改善されていないのですが、実は制限ボルツマンマシンの学習プロセスでは、問題のサンプリング $\vec{y} \sim Q_J(\vec{y})$ を

$$\vec{y} \sim P_J(\vec{x}_n|\vec{h}), \quad \vec{h} \sim P_J(\vec{h}|\vec{x}), \quad \vec{x} \sim P(\vec{x}) \qquad (6.2.14)$$

に置き換えてしまいます。これを**コントラスティブ・ダイバージェンス法**(contrastive divergence) と呼びます[★4]。つまり学習アルゴリズムは

$$J \leftarrow J - \epsilon \delta J, \qquad (6.2.15)$$

[★4]……コントラスティブ・ダイバージェンス法を略して CD 法と呼びます。また、本文で書いたものは CD-1 法等とも呼ばれます。一般にはコントラスティブ・ダイバージェンス法は CD-k 法というのがあり、k は $\vec{x}$ と $\vec{h}$ の間の熱浴法によるサンプリングを k 回やったという意味です。

$$\delta J = \left\langle \partial_J H_J(\vec{x}, \vec{h}_n) \right\rangle_{\vec{h}_n \sim P_J(\vec{h}_n|\vec{x}),\; \vec{x} \sim P(\vec{x})}$$
$$- \left\langle \partial_J H_J(\vec{y}, \vec{h}_2) \right\rangle_{\vec{h}_2 \sim P_J(\vec{h}_2|\vec{y}),\; \vec{y} \sim P_J(\vec{x}_n|\vec{h}_1),\; \vec{h}_1 \sim P_J(\vec{h}_1|\vec{x}),\; \vec{x} \sim P(\vec{x})}$$

$$(6.2.16)$$

となります。このアルゴリズムではサンプリングの際に条件付き確率
(6.2.12) や (6.2.13) しか用いないため、分配関数にあたる (6.2.9) の第
1 項を計算する必要がありません。そのため非常に高速な学習アルゴリズ
ムとなっています。この方法は Hinton による [87] で提案されましたが、
なぜこのような置き換えをやってもよいのかの説明は [88] などで与えられ
ました。以下では物理的な解釈を述べます。

▌ **熱浴法と詳細釣り合い** ▌ ひとたび制限ボルツマンマシンを学習し、良
さそうなパラメータ J^* を得た後は、データサンプリング機械としての用
途があります。そのときのサンプリングには以下のように熱浴法のアルゴ
リズムを用います：

1. 適当に $\vec{x}$ を初期化し $\vec{x}_0$ と呼ぶ $\qquad (6.2.17)$

2. 以下を $t = 1, 2, \dots$ で繰り返す： $\qquad (6.2.18)$

$$\vec{h}_t \sim P_{J^*}(\vec{h}|\vec{x}_t) \qquad (6.2.19)$$

$$\vec{x}_{t+1} \sim P_{J^*}(\vec{x}|\vec{h}_t) \qquad (6.2.20)$$

このサンプリングにおける**遷移確率**は

$$P_{J^*}(\vec{x}'|\vec{x}) = \sum_{\vec{h}} P_{J^*}(\vec{x}'|\vec{h}) P_{J^*}(\vec{h}|\vec{x}) \qquad (6.2.21)$$

で書けます。この遷移確率が満たす**詳細釣り合い**条件が何かを考えてみま
しょう。それには (6.2.21) で $\vec{x}$ と $\vec{x}'$ を入れ替えたものと、元の確率の違

いがわかればよいわけです。試しに (6.2.21) で $\vec{x}$ と $\vec{x}'$ を入れ替えたものを書き、元の形になるべく近づけてみると

$$P_{J*}(\vec{x}|\vec{x}') = \sum_{\vec{h}} P_{J*}(\vec{x}|\vec{h})P_{J*}(\vec{h}|\vec{x}')$$
$$= \sum_{\vec{h}} P_{J*}(\vec{h}|\vec{x}')P_{J*}(\vec{x}|\vec{h}) \qquad (6.2.22)$$

となります。1 行目から 2 行目へは和の中身の掛け算の順番を入れ替えました。当然ですがこれは元の (6.2.21) ではありませんが、ちょうど条件付き確率の引数が入れ替わっていることに気が付きます。ところで第 2 章コラムで説明したベイズの定理を用いると、

$$P_J(\vec{h}|\vec{x})e^{-H_J^{\mathrm{eff}}(\vec{x})} = P_J(\vec{x}|\vec{h})e^{-H_J^{\mathrm{eff}}(\vec{h})} \qquad (6.2.23)$$

が成り立ちます。ここで $H_J^{\mathrm{eff}}(\vec{h})$ は隠れ自由度に関する有効ハミルトニアン

$$H_J^{\mathrm{eff}}(\vec{h}) = \log Z_J - \log \sum_{\vec{x}} e^{-H_J(\vec{x},\vec{h})} \qquad (6.2.24)$$

です。ベイズの定理 (6.2.23) を用いて (6.2.22) の二つの条件付き確率を変形すると、$H_J^{\mathrm{eff}}(\vec{h})$ の項がちょうど打ち消し合い、

$$(6.2.22) = \frac{e^{-H_{J*}^{\mathrm{eff}}(\vec{x})}}{e^{-H_{J*}^{\mathrm{eff}}(\vec{x}')}} P_{J*}(\vec{x}'|\vec{x}) \qquad (6.2.25)$$

が示されます。これは収束先を

$$Q_{J*}(\vec{x}) = e^{-H_{J*}^{\mathrm{eff}}(\vec{x})} \qquad (6.2.26)$$

としたときの詳細釣り合い条件の式になっているため、ここまでのシナリオ通り Q_{J^*} が十分ターゲット分布 P に近ければ、熱浴法のサンプリングにより、本物に似た偽サンプルを作り出せたことになります。また、コントラスティブ・ダイバージェンス法はある意味「自己無撞着」(self-consistent) な最適化とも言えます。なぜなら式 (6.2.16) の第 2 項は元は Q_J からのサンプリングだったわけですが、もし学習が進んできて Q_J が十分 P に近くなってきたら、第 2 項でやっていることは上で書いた熱浴法のアルゴリズムの繰り返し部分にほかならないからです。実際、コントラスティブ・ダイバージェンス法の導出をこのような詳細釣り合いの視点から論じることもできます [89]。

6.3　敵対的生成ネットワーク

　ここまでの教師なし学習は基本的に相対エントロピー (6.1.3) を減らすアルゴリズムに基づいてきました。しかし、確率分布 Q_J を P に近づけるのにこれが唯一の方法かというとそうでもありません。ここでは近年注目を集めている**敵対的生成ネットワーク** (generative adversarial network; GAN) [90] と呼ばれるモデルを説明しましょう。

■ **基本的設定** ■　GAN では二種類のネットワークを考えます。以下では画像のピクセルごとの値を並べた空間（データの住む空間）を X とし、GAN を使う人が勝手に設定する別の空間（潜在空間〔latent space, feature space〕と呼ばれます）を Z とします。それぞれのネットワークは関数

$$G : Z \to X \tag{6.3.1}$$

$$D : X \to \mathbb{R} \tag{6.3.2}$$

をニューラルネットワークで表現したものとなります。G を生成器 (generator)、D を識別器 (discriminator) と言います。標語的には G は贋金

作りで、なるべく精巧な実際にありそうなデータ x_{fake} を作ることを目的とし、一方で D は警察官で本物 x_{real} と偽物 x_{fake} を見分けるようになることが学習目的となります。GAN ではこの二つの異なる（敵対した関係の）ネットワークが互いに切磋琢磨し合うことで、結果的に本物と見紛う偽データ x_{fake} を作る G を得ることが目標となります。

┃ G が誘導する確率分布 ┃ GAN の定式化も確率論に基づいて行われます。まず、Z 上の確率分布を手で設定します。これは偽データの「種」にあたる部分であり、サンプリングが容易なガウス分布や、球面上一様分布★5、$[-1,1]^{\dim Z}$ の箱中の一様分布などをとることが多いです。何らかの分布を選んだとして、これを $p_z(z)$ としましょう。G は「種」である z を引数にとり、これをデータ空間上の点に移すわけですが、p_z から X 上の確率分布

$$Q_G(x) = \int dz \, p_z(z)\delta\big(x - G(z)\big) \tag{6.3.3}$$

が誘導されます。ここで δ は量子力学や電磁気学でよく使う、ディラックのデルタ関数です。別の言い方をすると

$$x \sim Q_G(x) \Leftrightarrow z \sim p_z(z), x = G(z) \tag{6.3.4}$$

と同じことになります。

┃ 目的関数と学習プロセス ┃ GAN の興味深い点は、(6.3.3) の最適化をするのに直接相対エントロピー (6.1.3) を用いない点です。そのかわり

★5......ちなみに、Z は通常数百次元の空間を持ってくるので、次元の呪いの効果により、ガウス分布と球面上一様分布に大した違いはありません。なぜなら次元が上がるほど、球面内部よりも球殻の占める割合が大きくなっていくからです。この直感に反する事実は俗に「サクサクメロンパン問題」などと呼ばれているようです。

に以下の関数を考えます[6]：

$$V_D(G, D) = \langle \log(1 + e^{-D(x)}) \rangle_{x \sim P(x)} + \langle \log(1 + e^{+D(x)}) \rangle_{x \sim Q_G(x)}$$
(6.3.6)

$$V_G(G, D) = -V_D(G, D)$$
(6.3.7)

丁度 (V_D の値が小さい)⇔($D(x_{本物}) = $大、$D(x_{偽物}) = $小) となっており、$V_D$ が小さくなるように D を学習させると「警察官」としての役割を持たせられそうです。一方 (6.3.7)V_G を小さくする＝V_D を大きくすることなので、この値を小さくすれば G が D を騙せるようになります。つまり

$$G \leftarrow G - \epsilon \nabla_G V_G(G, D)$$
(6.3.8)

$$D \leftarrow D - \epsilon \nabla_G V_D(G, D)$$
(6.3.9)

の更新を繰り返すのが GAN の学習プロセスです。この最適化はナッシュ均衡 (Nash equilibria)

$$G^* \ s.t. \forall G, \ V_G(G^*, D^*) \leq V_G(G, D^*)$$
(6.3.10)

$$D^* \ s.t. \forall D, \ V_D(G^*, D^*) \leq V_D(G^*, D)$$
(6.3.11)

の探索に対応します。実は (6.3.7) の条件、すなわち G の目的関数と D の目的関数を足すとゼロになる場合、均衡点は以下を満たすことが示されます：

---

[6]……これはシグモイド関数 $\sigma(u) = (1 + e^{-u})^{-1}$ として

$$-\langle \log \sigma(D(x)) \rangle_{x \sim P(x)} - \langle \log(1 - \sigma(D(x))) \rangle_{x \sim Q_G(x)}$$
(6.3.5)

と書けますが、これは 3 章で二値分類の際に導出した誤差関数である交差エントロピー誤差 (3.1.16) に似ています。実際、二値分類問題をデータが本物 ($x \sim P(x)$) か、そうでない ($x \sim Q_G(x)$) かだと思うと、全く同じ問題を取り扱っていることがわかります。

$$V_D(G^*, D^*) = \min_G \max_D V_D(G, D) \qquad (6.3.12)$$

これはフォン・ノイマン (Von Neumann) による minimax 定理 [91] の帰結として得られます[7]。この条件からなぜ Q_G が P を再現するかを、比較的簡単に証明することができるのでやってみましょう。まず (6.3.12) の $\max_D$ について考えます。いま D は X 上の関数であり、汎関数 V_D は微分可能なので、これは物理学における変分問題

$$0 = \frac{\delta V_D(G, D)}{\delta D(x)} \qquad (6.3.14)$$

の解を考えればよいでしょう。V_D の変分は

$$\delta V_D(G, D) = \delta \int dx \Big(P(x) \log(1 + e^{-D(x)}) + Q_G(x) \log(1 + e^{+D(x)}) \Big)$$
$$= \int dx\, \delta D(x) \Big(-P(x) \frac{e^{-D(x)}}{1 + e^{-D(x)}} + Q_G(x) \frac{e^{+D(x)}}{1 + e^{+D(x)}} \Big) \qquad (6.3.15)$$

となるので、括弧の中をゼロにする $D = D^*$ が解です。これは

$$e^{-D^*(x)} = \frac{Q_G(x)}{P(x)} \qquad (6.3.16)$$

なことがわかります。これを $V_G = -V_D$ に代入すると、$\min_G$ の目的関

★7······minimax 定理とは、$f(x, y)$ が x については下に凸、y については上に凸の場合、

$$\min_x \max_y f(x, y) = \max_y \min_x f(x, y) \qquad (6.3.13)$$

となる、というものです。$f = V_D$ と考えて、この minimax 問題の解を $\bar{G}, \bar{D}$ とおくと、これらがナッシュ均衡の条件 (6.3.10)(6.3.11) を満たすことが言えます。これを言うときに $V_G + V_D = 0$ となっている条件（**ゼロ和条件**〔zero-sum condition〕）を使います。

148 第 6 章 教師なし深層学習

数を得ることができますが、

$$
\begin{aligned}
V_G(G, D^*) &= \int dx \Big(P(x) \log \frac{P(x)}{P(x) + Q_G(x)} + Q_G(x) \log \frac{Q_G(x)}{P(x) + Q_G(x)} \Big) \\
&= D_{KL}\Big(P \Big\| \frac{P + Q_G}{2}\Big) + D_{KL}\Big(Q_G \Big\| \frac{P + Q_G}{2}\Big) - 2\log 2
\end{aligned}
$$

$$(6.3.17)$$

となり、相対エントロピーの性質によりこの汎関数を G について最小化するには

$$
P(x) = \frac{P(x) + Q_G(x)}{2} = Q_G(x) \tag{6.3.18}
$$

でなくてはならないというわけです。

▎ **学習の実際** ▎ しかし、実際の GAN の学習では理論通りにことは運ばず、様々な学習の不安定性が引き起こされてしまいます。初期のうちに認識されていた問題は、D が先に強くなりすぎてしまい、G の勾配が消えてしまうというものです。これを回避するために、ほとんどの場合、(6.3.7) ではなく

$$
V_G(G, D) = \langle \log(1 + e^{-D(x)}) \rangle_{x \sim Q_G(x)} \tag{6.3.19}
$$

が使われます。上記の証明は (6.3.12) に強く依存していましたが、これが成り立つのは (6.3.7) のときだけですので、V_G を置き換えた場合になぜ上手くいくのかの理論保証はありません。また、GAN は発表された当時よりも、安定して学習するための畳み込みニューラルネットワーク実装 (deep convolutional GAN; DCGAN) [45] が出たところで爆発的に認知されました。このことから、なぜ上手くいくのかの理論を作るにはアルゴリズム

のみならず、実際に使うネットワークの構造についての条件を組み込む必要があることが予想されます。2019 年 4 月現在、著者の知る限り (6.3.19) のバージョンの GAN の理論保証は未解決問題です。

6.3.1 Energy-based GAN

別の $V_{G,D}$ のとり方に、Energy-based GAN と呼ばれる、以下のようなものがあります [92]：

$$V_D(G, D) = \langle D(x) \rangle_{x \sim P(x)} + \langle \max(0, m - D(x)) \rangle_{x \sim Q_G(x)} \quad (6.3.20)$$

$$V_G(G, D) = \langle D(x) \rangle_{x \sim Q_G(x)} \quad (6.3.21)$$

ここで $m > 0$ は手で設定する値で、偽物のデータのエネルギーに対応します。何のエネルギーかというと「いかにデータ x が本物っぽいか」を測るエネルギーであり、これを識別器 D がモデル化すると考えます。まっとうな物理系がそうであるように、エネルギーは下から抑えられていなければなりません：

$$D(x) \geq 0 \quad (6.3.22)$$

Energy-based GAN ではこのエネルギー条件 (6.3.22) を満たすように識別器ネットワークを構成します。このような設定のもと、D の学習では

$$\begin{aligned} &x \text{ が本物の場合、} D(x) \text{ の値を } 0 \text{ に近づけ} \\ &x \text{ が偽物の場合、} D(x) \text{ の値を } m \text{ に近づける} \end{aligned} \quad (6.3.23)$$

ようにします。これは (6.3.20) の値をなるべく小さくすることに対応しま

す[★8]。G の学習では $x_{\text{fake}} = G(z)$ がなるべく低いエネルギーを持つ（＝本物っぽい）ようにするというわけです。(6.3.20) と (6.3.21) に基づいた「均衡点」(6.3.10)(6.3.11) は、minimax 定理の助けを借りることなしに $Q_{G^*}(x) = P(x)$ となることが示せます。少々数学的に過ぎる説明となってしまいますが、このことを示してみましょう[★9]。

▌ V_D の均衡点から得られる性質 ▌

不等式 (6.3.11) は $G = G^*$ を代入した $V_D(G^*, D)$ について、D^* は最小値をとるということを言っているので

$$
V_D(G^*, D) = \int dx \Big[P(x)D(x) + Q_{G^*}(x) \max(0, m - D(x)) \Big]
$$
(6.3.24)

を最小にする $D(x)$ がどうなるか考えるところから始めます。今までと同じく $D(x)$ で変分をとりたくなりますが、条件 (6.3.22) や不連続関数 max のせいで、残念ながらうまくいきません。そこで各 x で被積分関数がどうなっているか考えます。すると基本的には一変数関数

$$
f(D) = PD + Q \max(0, m - D), \quad 0 < P, Q < 1
$$
(6.3.25)

を考えればよく、単なる場合分けで事は済むことがわかります：

$$
\min f(D) = \begin{cases} f(D = 0) = mQ & (P < Q) \\ f(D = m) = mP & (P \geq Q) \end{cases}
$$
(6.3.26)

あとは各点 x ごとにこの関数があると思えば、

[★8]……元の GAN の V_D が交差エントロピーに対応するのと同じく、ここでの目的関数 (6.3.20) はヒンジ損失と呼ばれ、本書では説明しませんが、これはサポートベクトルマシンの誤差関数に対応します。

[★9]……これは原論文の付録についている証明をなるべくわかりやすくしたものです。

$$V_D(G^*, D^*) = m\left[\int 1_{P(x)<Q_{G^*}(x)}dx\ P(x) + \int 1_{P(x)\geq Q_{G^*}(x)}dx\ Q_{G^*}(x)\right]$$

$$(6.3.27)$$

ここで $1_{条件}$ は条件が満たされているとき 1、満たされないとき 0 をとるステップ関数です。ところで定義により

$$1_{P(x)\geq Q_{G^*}(x)} = 1 - 1_{P(x)<Q_{G^*}(x)} \tag{6.3.28}$$

であることがわかります。これを (6.3.27) に代入すると $Q_{G^*}(x)$ は確率分布なので積分すると 1 なため

$$V_D(G^*, D^*) = m\left[1 + \int 1_{P(x)<Q_{G^*}(x)}dx\ \underbrace{\left(P(x) - Q_{G^*}(x)\right)}_{<0}\right] \leq m$$

$$(6.3.29)$$

がわかります。この不等式が第一の重要な結論です。ここで最後の m との関係が < ではなく ≤ となっているのがポイントです。これは証明の肝になるところなので少し説明します。なぜ < ではないのかというと、$P(x) - Q_{G^*}(x) < 0$ である点 x が存在しない[★10] かもしれないからです。その場合 (6.3.29) の第 2 項にステップ関数 $1_{P(x)<Q_{G^*}(x)}$ があるせいで、ここからの寄与がゼロになります。

▎ V_G の均衡点から得られる性質 ▎ 次に不等式 (6.3.10) を積分で書くと

$$\forall G, \quad \int dx\ Q_{G^*}(x)D^*(x) \leq \int dx\ Q_G(x)D^*(x). \tag{6.3.30}$$

★10……正確には、ほとんど至るところで $P(x) - Q_{G^*}(x) \geq 0$ となる、と言ったほうがよいです。この言葉の意味は以下の脚注で説明します。

となりますが、ここから何か有用な情報は引き出せるでしょうか。ポイントは「完璧な生成器」$G_{完璧}$

$$Q_{G_{完璧}}(x) = P(x) \tag{6.3.31}$$

を考えることです。G はこの証明中では無限の表現力を持っている（考えうる関数すべてをとりうる）としているため、これを G に代入してもよいでしょう。(6.3.30) ではどんな G についても不等式が成り立つため、「完璧な生成器」についても不等式が成り立ちます：

$$\int dx \; Q_{G^*}(x)D^*(x) \le \int dx \; Q_{G_{完璧}}(x)D^*(x) = \int dx \; P(x)D^*(x) \tag{6.3.32}$$

この最後の式の積分は (6.3.24) の第 1 項に $D = D^*$ を代入したものと同じなので、この不等式を用いると

$$V_D(G^*, D^*) \ge \int dx \; Q_{G^*}(x) \Big[D^*(x) + \max(0, m - D^*(x)) \Big] \tag{6.3.33}$$

が新たに得られます。ここで実は「ほとんど至るところで[11]」

$$D^*(x) \le m \tag{6.3.35}$$

---

[11]……これは

$$\int 1_{D^*(x) > m} dx = 0 \tag{6.3.34}$$

という意味です。言い換えると「$S = \{x | D^*(x) > m\}$ という集合は積分に寄与しない」ということです。

であることが示せます[12] ので、さらに

$$V_D(G^*, D^*) \geq \int dx\, Q_{G^*}(x) \Big[D^*(x) + \underbrace{\max(0, m - D^*(x))}_{= m - D^*(x)} \Big] = m \tag{6.3.38}$$

となります。これが第二の重要な結論です。

▌ **証明完了へ** ▌ 結局、向きだけが異なる、等号を含む二つの不等式 (6.3.29), (6.3.38) が成り立つので、はさみうちの原理により、

$$V_D(G^*, D^*) = m \tag{6.3.39}$$

ということになりますが、このことと

$$(6.3.29): V_D(G^*, D^*)$$

---

[12]...... 背理法によって証明してみます。ほとんど至るところ (6.3.35) というのの否定は

$$S = \{x \mid D^*(x) > m\} \text{ が積分に寄与する} \tag{6.3.36}$$

ということです。このとき新たな $\tilde{D}(x)$ を $\tilde{D}(x) = \min(m, D^*(x))$ とし、$V_D(G^*, D)$ の D に代入すると、(6.3.24) で $D = \tilde{D}$ とすればよいので

$$\begin{aligned}
V_D(G^*, \tilde{D}) &= \int_{S \cup S^c} dx \Big[P(x)\tilde{D}(x) + Q_{G^*}(x)\max(0, m - \tilde{D}(x)) \Big] \\
&= \int_S dx \Big[P(x) \underbrace{\tilde{D}(x)}_{= m < D^*(x)} + Q_{G^*}(x) \underbrace{\max(0, m - \tilde{D}(x))}_{= 0 < \max(0, m - D^*(x))} \Big] \\
&\quad + \int_{S^c} dx \Big[P(x) \underbrace{\tilde{D}(x)}_{D^*(x)} + Q_{G^*}(x)\max(0, m - \underbrace{\tilde{D}(x)}_{D^*(x)}) \Big] \\
&< \int_{S \cup S^c} dx \Big[P(x)D^*(x) + Q_{G^*}(x)\max(0, m - D^*(x)) \Big] = V_D(G^*, D^*)
\end{aligned} \tag{6.3.37}$$

この不等式は D^* が $V_D(G^*, D)$ の D について最小値を与えるというナッシュ均衡の定義式 (6.3.11) に矛盾します。

$$= m\left[1 + \int 1_{P(x)<Q_{G^*}(x)}dx \underbrace{\left(P(x)-Q_{G^*}(x)\right)}_{<0}\right] \le m \quad (6.3.40)$$

を合わせると

$$0 = \int 1_{P(x)<Q_{G^*}(x)}dx \underbrace{\left(P(x)-Q_{G^*}(x)\right)}_{<0} \quad (6.3.41)$$

でなくてはいけないことになります。⌣ の部分は負の値でしか寄与しないため、このことはそもそも積分範囲が存在しない、

$$0 = \int 1_{P(x)<Q_{G^*}(x)}dx \quad (6.3.42)$$

ということであり、これはほとんど至るところで $P(x) \ge Q_{G^*}(x)$ という条件でなくては成り立ちません。さらに、不等号が逆向きになった場合を考えると

$$\int 1_{P(x)>Q_{G^*}(x)}dx\underbrace{\left(P(x)-Q_{G^*}(x)\right)}_{>0}$$
$$= \int (1 - 1_{P(x)\le Q_{G^*}(x)})dx\left(P(x)-Q_{G^*}(x)\right)$$
$$= \underbrace{\int dx\left(P(x)-Q_{G^*}(x)\right)}_{1-1=0} - \int \underbrace{1_{P(x)\le Q_{G^*}(x)}}_{=\text{ の場合は被積分関数がゼロ}} dx\left(P(x)-Q_{G^*}(x)\right)$$
$$= -\int 1_{P(x)<Q_{G^*}(x)}dx\left(P(x)-Q_{G^*}(x)\right) \overset{(6.3.41)}{=} 0 \quad (6.3.43)$$

となりますが、やはり同様の理由により

$$0 = \int 1_{P(x) > Q_{G^*}(x)} dx \qquad (6.3.44)$$

でなくてはならず、今度は、ほとんど至るところで $P(x) \le Q_{G^*}(x)$ でなくてはならないことになります。したがって、結局、ほとんど至るところで

$$P(x) = Q_{G^*}(x) \qquad (6.3.45)$$

ということになりました。これが示したかったことです。

6.3.2 Wasserstein GAN

もう一つの興味深い GAN の拡張は、最適輸送問題 [93, 94] の文脈で教師なし学習を捉えることです [95]。最適輸送問題では「輸送エネルギー」の最小化を考えるので、物理的な解釈も可能なモデルになります。最適輸送エネルギーとは、「確率分布 Q を砂の山、確率分布 P を同じ体積分の地面に掘られた穴」と思ったとき、砂の山の砂を穴に輸送して真っ平らな地面にするために必要な最小のエネルギーのことです。典型的な最適輸送エネルギーの一つがワッサースタイン (Wasserstein) 距離と呼ばれるものです。定義は

$$D_W(P, Q) = \min_{\pi \in (6.3.48)} U(\pi) \qquad (6.3.46)$$

$$U(\pi) = \langle E(x, y) \rangle_{(x,y) \sim \pi(x,y)} \qquad (6.3.47)$$

です。ここで $E(x, y)$ はデータ点 x, y の間の輸送コストエネルギーを表します。典型的には x, y 間の距離がとられます。$\pi(x, y)$ は $y \to x$ にどれくらいの量を輸送するかの同時確率分布であり、

$$\int dx \, \pi(x, y) = Q(y), \quad \int dy \, \pi(x, y) = P(x) \tag{6.3.48}$$

を満たすものとします。$U(\pi)$ はこの確率分布 π を使った、輸送コストエネルギーの期待値ですが、熱力学との類似から「内部エネルギー」と考えるとよいでしょう。輸送コスト $E(x, y)$ が距離の性質を満たせば

$$\begin{cases} 0 \leq D_W(P, Q), \\ 0 = D_W(P, Q) \Leftrightarrow \forall x, P(x) = Q(x) \end{cases} \tag{6.3.49}$$

を満たすので、相対エントロピーの代わりとしての性質を持っていることがわかります。

■ ヘルムホルツの自由エネルギーへの一般化 ■ この距離の面白いところは、全く別の表式が存在することです。それを導くため、いったんこの系に温度を入れ、内部エネルギーの最小値ではなくヘルムホルツの自由エネルギーの最小値

$$D_W^T(P, Q) = \min_{\pi \in (6.3.48)} \left(U(\pi) - TS(\pi) \right) \tag{6.3.50}$$

を考えましょう[13]。ここで輸送プラン π のエントロピーは

$$S(\pi) = \langle -\log \pi(x, y) + 1 \rangle_{(x,y) \sim \pi(x,y)} \tag{6.3.51}$$

だとします[14]。温度を入れたせいで、これは実は距離の性質 (6.3.49) を満たさないですが、熱力学でも内部エネルギーを考えるよりも自由エネル

---

[13]······ 最終的な WGAN を導くのに、この一般化は必要ありませんが、ヘルムホルツの自由エネルギーを考えることで導出が理解しやすくなります。

[14]······ +1 はなくても良いですが、あったほうが後の議論が少しきれいになります。

6.3 / 敵対的生成ネットワーク **157**

ギーを考えたほうが見通しが良くなることがあるように、様々な良い性質
を持つようになります[★15]。

さて、この自由エネルギーを最小化する輸送プラン π を決めたいわけで
すが、拘束条件 (6.3.48) を考慮しなければならないのが難しいところです。
そこで、拘束条件もラグランジュ未定乗数法として最適化の中に入れてし
まいましょう。期待値を積分の形で書くと

$$
\begin{aligned}
D_W^T(P, Q) = \ \min_\pi \max_{f,g} \Big(& \int dxdy \ \pi(x,y) \Big[E(x,y) + T \log \pi(x,y) - T \Big] \\
& + \int dx \ f(x) \Big[P(x) - \int dy \ \pi(x,y) \Big] \\
& + \int dy \ g(y) \Big[Q(y) - \int dx \ \pi(x,y) \Big] \Big)
\end{aligned}
\tag{6.3.52}
$$

となります。ここで $\min_\pi \max_{f,g} = \max_{f,g} \min_\pi$ と順番を入れ替えるこ
とを考えます。先に π についての最小値を求めるには、やはり π について
変分をとってゼロとすればよく、それは

$$
0 = E(x,y) + T \log \pi^*(x,y) - f(x) - g(y)
\tag{6.3.53}
$$

となります。あとはこの解を代入して $\max_{f,g}$ を考えればよいため

$$
D_W^T(P, Q) = \max_{f,g} \Big(\langle f(x) \rangle_{x \sim P(x)} + \langle g(y) \rangle_{y \sim Q(y)} - T \int dxdy \ \pi^*(x,y) \Big)
\tag{6.3.54}
$$

という別の表式を得ます。このような、元の問題 (min) が何らかの別の問

[★15] ……例えば実際の計算アルゴリズムで、もとのゼロ温度の問題よりも計算量が削減された方法が存在しま
す [96]。

題 (max) と等価になる、ということは機械学習の方法でしばしば現れ[16]、最適化問題における**強双対性**と呼ばれています。ここでの導出を見ていると、結局、双対問題の自由度は拘束条件を表現するラグランジュ未定乗数であることが見て取れますが、統計力学や場の理論における双対性によく似ていることがわかります。これが単に似ているだけなのか、深い意味があるのかは著者にも判断しかねます。

カントロヴィチ・ルビンスタイン (Kantorovich-Rubinstein) 双対性

元の問題 (6.3.47) に戻すためにゼロ温度 $T \to +0$ をとることを考えてみましょう。双対問題も問題なく極限がとれるように見えますが、(6.3.53) を解くと

$$\pi^*(x, y) = e^{\frac{-H(x,y)}{T}} \tag{6.3.55}$$

$$H(x, y) = E(x, y) - f(x) - g(y) \tag{6.3.56}$$

となることがわかります。(6.3.54) では最大値をとる必要があるので、最後の項が $-\infty$ になるような f, g は初めから除いておいたほうがよいでしょう。そのためには「ハミルトニアン」(6.3.56) の下限が抑えられているという (6.3.22) に似た条件式

$$H(x, y) \geq 0, \quad \text{すなわち} \quad f(x) + g(y) \leq E(x, y) \tag{6.3.57}$$

が満たされていなければならないことがわかります。したがって

$$D_W(P, Q) = \max_{f(x)+g(y) \leq E(x,y)} \left(\langle f(x) \rangle_{x \sim P(x)} + \langle g(y) \rangle_{y \sim Q(y)} \right) \tag{6.3.58}$$

---

[16]……例えば他に（本書では説明しませんが）サポートベクトルマシンにも双対性があります。

となります。さらに特に輸送にかかるエネルギー関数を $E(x, y) = ||x-y||$ にとった場合、max を実現するには少なくとも $g = -f$ としなければならないことがわかるので、結局

$$D_W(P, Q) = \max_{f(x)-f(y) \leq ||x-y||} \left(\langle f(x) \rangle_{x \sim P(x)} - \langle f(y) \rangle_{y \sim Q(y)} \right)$$

(6.3.59)

となります。f がリプシッツ連続な関数に制限されるのがポイントです。

▌ WGAN ▌ この双対性に GAN を取り込むと、Wasserstein GAN のアイデアにたどり着きます。これは簡単で、$Q = Q_G$ とし、G の最適化をワッサースタイン距離の最小化にするだけです：

$$\min_G D_W(P, Q_G) = \min_G \max_{f(x)-f(y) \leq ||x-y||} \left(\langle f(x) \rangle_{x \sim P(x)} - \langle f(y) \rangle_{y \sim Q(y)} \right)$$

(6.3.60)

すると、これは $f = D$ と見れば、ゼロ和の GAN における minimax 問題 (6.3.12) になっています！ つまり

$$V_D(G, D) = \langle D(x) \rangle_{x \sim P(x)} - \langle D(y) \rangle_{y \sim Q(y)},$$ (6.3.61)

$$V_G(G, D) = -V_D(G, D)$$ (6.3.62)

とした GAN の均衡点は、$D_W(P, Q_G)$ の性質からやはり

$$P(x) = Q_G(x)$$ (6.3.63)

を満たすと期待されます。ただし、D はリプシッツ連続にしなければなりません。ニューラルネットワークで D を作る場合、普通に作っていてはこの条

件は満たされません。原論文では重みの動ける範囲を制限して近似的なリプシッツ連続性を実装していますが、後に正則化項として $(||\nabla_x D(x)||_2 - 1)^2$ のように D の勾配による罰則項 (gradient penalty) を入れて近似的に実装する方法 [97] や、ネットワーク重みを最大特異値で割る正規化を施すスペクトラル正規化[★17] [98] などのアイデアが登場してきています。この勾配罰則とスペクトラル正規化は、WGAN ではない他の GAN の性能を向上させることも知られています。

6.4　生成モデルの汎化について

ここまで、教師なし機械学習、深層学習の様々なモデルやアルゴリズムを紹介してきました[★18] が、すべてが

$$Q_{J^*}(x) = P(x) \tag{6.4.1}$$

を目指したものでした。しかし何度も強調してきたように、そもそも機械学習において、データ生成確率分布 $P(x)$ にアクセスすることはできません。なので学習アルゴリズムでは $P(x)$ についての経験分布 $\hat{P}(x)$ を用いる他ないわけですが、このとき汎化についてどのように考えるべきでしょうか。

▌**丸暗記するケース**▌　まず、素朴に (6.4.1) を経験分布に置き換えると

[★17]……実のところ、スペクトラル正規化は WGAN に使うためというよりは、従来の GAN の学習プロセスの安定化のために導入されており、著者の知る限り WGAN の実装にスペクトラル正規化を使って成功した例は見当たりません。この正規化を施すと、ネットワークがある数 K による K-リプシッツ連続になるため、WGAN に使えない道理がなく、なぜ既存研究が見つからないのか不思議なのですが。

[★18]……ここで紹介し切れなかった注目に値する深層生成モデルに変分自己符号化器 (variational auto-encoder; VAE) [99, 100] や、非線形独立成分推定 (non-linear independent component estimation; NICE) [101] などと呼ばれるものがあります。簡潔にまとまっている文献として、物理学者による簡単なレビュー [102] があります。

$$Q_{J^*}(x) = \hat{P}(x) \tag{6.4.2}$$

となってしまい、これだと単に「出てきたデータを丸覚えしている」状態に見えます。実際には「データには存在しない新しい画像」などを作って欲しいので、これでは不十分な気がしますが、この状態からも学べることはあります。というのも実はここまでで既に、我々は丸暗記教師なし機械学習における汎化性能の不等式を導出しているのです。それは中心極限定理の最後に説明した (5.1.20) です。この問題を三度説明しておくと、発生確率が $p_1, p_2, \ldots, p_W$ である事象を $A_1, A_2, \ldots, A_W$ とし、確率 p_i の具体値は知らず、代わりに

$$\bullet \begin{cases} A_1 \text{ が } \#_1 \text{ 回、} A_2 \text{ が } \#_2 \text{ 回、} \ldots \text{、} A_W \text{ が } \#_W \text{ 回} \\ \text{合計で } \# = \sum_{i=1}^{W} \#_i \text{ 回起こった} \end{cases} \tag{6.4.3}$$

というデータのみがある状況で、p_i の値を推定する問題なのでした。この問題は教師なし学習と考えることができるでしょう。この場合は明らかに推定確率は「経験分布」$q_i = \frac{\#_i}{\#}$ とするのが最適であり、この確率が p_i に近ければ汎化していると言えますが、中心極限定理から

$$\text{大体 7 割の確率で } p_i - \sqrt{\frac{p_i(1-p_i)}{\#}} < q_i < p_i + \sqrt{\frac{p_i(1-p_i)}{\#}} \text{ となる} \tag{6.4.4}$$

となったのでした。したがって、教師なしの場合でも、汎化性能は $1/\sqrt{\#}$ のオーダーになることが示唆されます。

┃ 実際の例 ┃ ところで、実際の深層生成モデルは丸暗記してしまっているのでしょうか？ 実際の経験分布 $\bar{p}(x)$ を用いるケースでは GAN の (6.4.1) についての証明がそっくりそのまま適用でき、(6.4.2) を証明しているような気がしてきます。しかしながら証明と実際が異なるのは他にも、

- GAN の収束証明には G や D が無限の表現力を持つことが仮定されているけれど、実際に学習させるときは、G や D が実際は何らかの固定された構造を持つ深層ニューラルネットワークであり、表現力に限界がある。
- 証明の前提であるナッシュ均衡の条件式 (6.3.10)(6.3.11) を、実際は勾配法 (6.3.8)(6.3.9) で解こうとするけれど、勾配法は厳密な解法ではないため、得られた学習済みモデルも厳密な意味での均衡点ではない。

などが挙げられます。なので理想的な前提の下での (6.4.1) の証明が、実際の場合は経験分布に置き換える「だけ」の (6.4.2) になるというのは早計です。では結局どうなのか、百聞は一見にしかずというわけで、ここで実際に CIFAR-10 で学習した GAN の生成した画像を**図 6.1**（左）に示します。これだけだと「なんとなく自然画像っぽいものが生成されている」以

図 6.1 左：G が作り出した画像データ、右：G が作った画像（左上赤枠）と学習データの中で最も近い九つの画像。

上のことはわかりませんので、図 6.1（右）に、GAN が作った画像と、画像空間で計算したその近傍の学習データをいくつか示しました。これを見ると、G が作った画像に「瓜二つ」な学習データ画像がなく、最も近い画

像と比べても細かい構造が異なっていることがわかります。これは深層生成モデルの一種である GAN が、丸暗記 (6.4.2) を回避し、汎化している傍証のようにも思えます。

▌ inception score ▌ 画像生成「汎化性能」を、全く別の観点から測る試みを紹介します。そもそも、(6.4.1) を汎化している状態とみなすのは、この生成器からのサンプリングが「本物っぽい」画像 x を与えてくれるからなのでした。そうすると、「人間が見て本物っぽい」画像が作れるかどうか、というのが汎化性能だと思えてきます。一方で、ImageNet データセット [26] を用いて訓練した ResNet [24] を筆頭とする多くの「画像分類ネットワーク」は今や分類精度が人間を凌ぐことが知られています [103]。そこで、「人間が見て本物っぽい」かどうかを、画像分類ネットワークに判断してもらおうという、アイデアが浮かびます。

$$\text{生成器の与える確率分布}：Q_{G^*}(x) \tag{6.4.5}$$

$$\text{学習済み画像分類ネットワーク}：Q_{J^*}(d|x) \tag{6.4.6}$$

としましょう。この二つを用いてどのような量を考えるべきでしょうか。まず生成器が何らかの画像を描いたとします：

$$x_{\text{fake}} \sim Q_{G^*}(x) \tag{6.4.7}$$

この画像を使った、分類ラベル d についての確率 $Q_{J^*}(d|x_{\text{fake}})$ はどのようになるでしょうか。簡単のために $d = (\text{犬}, \text{猫})$ だとしましょう。まず画像が全然駄目な場合、例えば x_{fake} が犬と猫の中間のような「謎の動物」のように見えるとしましょう。このときは犬のような、猫のような画像なわけですから、

$$Q_{J^*}(d = \text{犬} \,|x_{\text{fake}}) \approx \frac{1}{2}, \quad Q_{J^*}(d = \text{猫} \,|x_{\text{fake}}) \approx \frac{1}{2}, \tag{6.4.8}$$

となるでしょう。一方で、x_{fake} が「すごくちゃんとした犬」の画像の場合は

$$Q_{J^*}(d = 犬\,|x_{\text{fake}}) \approx 1, \quad Q_{J^*}(d = 猫\,|x_{\text{fake}}) \approx 0 \qquad (6.4.9)$$

となるはずです。それぞれの場合のエントロピーは

$$S(x_{\text{fake}}) = -\sum_d Q_{J^*}(d|x_{\text{fake}}) \log Q_{J^*}(d|x_{\text{fake}})$$
$$\approx \begin{cases} \log 2 & (\times : x_{\text{fake}}がダメな画像\,(6.4.8)\,の場合) \\ 0 & (\bigcirc : x_{\text{fake}}が良い画像\,(6.4.9)\,の場合) \end{cases}$$
$$(6.4.10)$$

となります。つまり、$S(x_{\text{fake}})$ が 0 に近ければ近いほど「本物っぽさ」が増すと考えられます。したがって、この量を計算すればよさそうに思えます。

しかし、もう少し思い止まってみましょう。(6.4.10) は確かに「本物っぽさ」は測ってくれますが、一つの x_{fake} に対する良さしか測ってくれません。例えば、生成器からのサンプリングで、たくさんの画像

$$x_{\text{fake1}}, x_{\text{fake2}}, \ldots, \sim Q_{G^*}(x) \qquad (6.4.11)$$

が得られたとして、そのほとんどが似たような犬の画像になってしまう場合、確かに一つ一つの (6.4.10) の値は大きいけれど、「目新しい画像」を作ることができないわけですから、汎化していない気がします。つまり生成器は「本物っぽい」画像を、「十分多様性がある」ように生成することが求められているでしょう。このような「多様性」を測るのにも、エントロピーが使えます。というのも、様々な x_{fake} を入力したときの分類確率の期待値

$$Q(d) = \int dx Q_{J^*}(d|x) Q_{G^*}(x) = \langle Q_{J^*}(d|x) \rangle_{x \sim Q_{G^*}(x)} \qquad (6.4.12)$$

のエントロピーを計算すればよいのです。犬と猫に絞った例で再び説明すると、$Q_{G^*}(x)$ が犬の画像も猫の画像も対等に生成する場合、確率 $\frac{1}{2}$ で x_{fake} は犬か猫に分類されるでしょう。つまり

$$Q(d = 犬) \approx \frac{1}{2}, \quad Q(d = 猫) \approx \frac{1}{2}, \qquad (6.4.13)$$

となるはずです。一方で $Q_{G^*}(x)$ が上記のように犬ばかり作成してしまう場合は

$$Q(d = 犬) \approx 1, \quad Q(d = 猫) \approx 0 \qquad (6.4.14)$$

となります。すると $Q(d)$ のエントロピーは

$$
\begin{aligned}
S &= - \sum_d Q(d) \log Q(d) \\
&\approx \begin{cases} \log 2 & (\bigcirc : Q_{G^*} \text{ が多様な } (6.4.13) \text{ 場合}) \\ 0 & (\times : Q_{G^*} \text{ が多様でない } (6.4.14) \text{ 場合}) \end{cases}
\end{aligned} \qquad (6.4.15)
$$

となり、S が大きければ大きいほど多様であることがわかります。

　総合すると、良い生成器は (6.4.10) の値を下げ、(6.4.15) の値を上げるようなものなはずです。エントロピーには加法性がありますから、生成器の「点数」はその差と思えばよいでしょう。するとこれは

$$
\begin{aligned}
&S - \langle S(x) \rangle_{x \sim Q_{G^*}(x)} \\
&= \sum_d \Big(\underbrace{\langle Q_{J^*}(d|x) \log Q_{J^*}(d|x) \rangle_{x \sim Q_{G^*}(x)}}_{\text{積分で書く}} - \underbrace{Q(d)}_{(6.4.12)} \log Q(d) \Big)
\end{aligned}
$$

$$= \sum_d \Big(\int dx \, Q_{G^*}(x) Q_{J^*}(d|x) \log Q_{J^*}(d|x)$$

$$- \int dx \, Q_{G^*}(x) Q_{J^*}(d|x) \log Q(d) \Big)$$

$$= \int dx \, Q_{G^*}(x) \Big(\sum_d Q_{J^*}(d|x) \log \frac{Q_{J^*}(d|x)}{Q(d)} \Big)$$

$$= \int dx \, Q_{G^*}(x) D_{KL} \Big(Q_{J^*}(d|x) \big\| Q(d) \Big)$$

$$= \Big\langle D_{KL} \Big(Q_{J^*}(d|x) \big\| Q(d) \Big) \Big\rangle_{x \sim Q_{G^*}(x)} \tag{6.4.16}$$

のように、相対エントロピーの期待値として書くことができます[19]。第1章で紹介したサノフの定理よろしく、この値を exp の肩に乗せた量を、生成器 Q_{G^*} の画像生成における「点数」、inception score (IS) と呼びます [105]：

$$IS(Q_{G^*}) = \exp \Big\langle D_{KL} \Big(Q_{J^*}(d|x) \big\| Q(d) \Big) \Big\rangle_{x \sim Q_{G^*}(x)} \tag{6.4.18}$$

このスコアの計算には、やはり大数の法則に基づいた $Q_{G^*}(x)$ からのサンプリング近似が使われます。このスコアが GAN の指標を測るデファクト・スタンダードの一つです[20]。inception というのは、2014 年の ImageNet

---

[19]……さらに、別の変形

$$(6.4.16) = \int dx \sum_d Q_{J^* G^*}(x, d) \log \frac{Q_{J^* G^*}(x, d)}{Q_{G^*}(x) Q(d)}, \quad Q_{J^* G^*}(x, d) = Q_{J^*}(d|x) Q_{G^*}(x)$$

$$\tag{6.4.17}$$

とすると、これは生成画像と分類ラベルの間の相互情報量 (mutual information) と呼ばれる量になっています。[104] ではこのことを利用し、IS をハックする、つまり異常に大きな IS を持つような画像生成（ただし、ほとんど人の目で見て意味をなさない画像生成）が可能であることを示しています。こうしてみると IS が高ければ高いほど良いというわけでもなさそうです。

[20]……この他に Fréchet inception distance (FID) [106] と呼ばれる指標もあり、こちらは分類ネットワークの隠れ層（特徴量）の分布について、これがある種のガウス分布に従うと仮定したときのデータ生成分布と生成器の分布の間のワッサースタイン距離（これをフレシェ距離と呼ぶためこの命名となっています）です。

6.4 生成モデルの汎化について

図 **6.2** $IS(左) = 8.54$、$IS(右) = 36.8$。

分類コンペの Google による優勝モデル、GoogLeNet [107] の構成で発明されたニューラルネットワークのモジュール[★21] のことを指しますが、IS の計算にはもっぱらこの GoogLeNet が用いられます。

図 6.2 には、STL-10 [108] で学習させた GAN の生成画像と、無料公開されている ImageNet での学習済みモデル [98, 109] (https://github.com/pfnet-research/sngan_projection) での生成画像を並べています。それぞれの IS をみると、確かに生成器がうまく画像を作れているときにスコアが大きいことが見て取れます。

ちなみに 2019 年 3 月現在の IS の最高値はおそらく [110] の $IS = 166.3$ です。興味のある読者はこの論文（無料で読めます）の 1 ページ目に貼り付けてある画像を見てみるとよいでしょう。あまりの精巧さに驚くと思います。参考のため書いておくと、1000 ラベル分類（ImageNet を用いた分類）タスクを処理する $Q_{J^*}(d|x)$ を用いた場合、inception score で満点は $IS = 1000$ です [104, 106]。

[★21] ……なぜ inception という名前なのかというと、この論文のタイトル "Going deeper with convolutions" と、ハリウッド映画 *Inception* における一場面での主人公のセリフ "We need to go deeper." をかけており、原論文ではご丁寧にも参考文献に（その経緯などまとめた記事を）引用しています。この映画を観たことがある人をニヤリとさせる、なかなか洒落っ気が効いた命名です。

168 第 6 章 教師なし深層学習

COLUMN

自己学習モンテカルロ法

参考文献 [89] によると、コントラスティブ・ダイバージェンス法 (contrastive divergence method) は「誤差関数」

$$K_{ex}(\theta) = D_{KL}\Big(P_\theta(\vec{x}'|\vec{x})P(\vec{x})\Big\|\Big|P_\theta(\vec{x}|\vec{x}')P(\vec{x}')\Big) \tag{6.4.19}$$

のある種の最適化であることがわかります。[89] の他に [111] でも解説されています。これが 0 になる $\theta = \theta_0$ では、厳密に詳細釣り合いを満たすことになるため、ターゲット分布 $P(\vec{x})$ がマルコフ連鎖 $P_{\theta_0}(\vec{x}'|\vec{x})$ の収束先となります。ところで、これをベイズの定理で少々変形すると

$$K_{ex}(\theta) = D_{KL}\Big(P_\theta(\vec{x}'|\vec{x})P(\vec{x})\Big\|\Big|P_\theta(\vec{x}'|\vec{x})\frac{e^{-H_\theta^{\mathsf{eff}}(\vec{x})}}{e^{-H_\theta^{\mathsf{eff}}(\vec{x}')}}P(\vec{x}')\Big)$$

$$= -\Big\langle \log\frac{P(\vec{x}')e^{-H_\theta^{\mathsf{eff}}(\vec{x})}}{P(\vec{x})e^{-H_\theta^{\mathsf{eff}}(\vec{x}')}}\Big\rangle_{P_\theta(\vec{x}'|\vec{x})P(\vec{x})} \geq 0 \tag{6.4.20}$$

となります。最後の不等号は相対エントロピーの性質によるものです。こうしてみると、大雑把には

$$\frac{P(\vec{x}')e^{-H_\theta^{\mathsf{eff}}(\vec{x})}}{P(\vec{x})e^{-H_\theta^{\mathsf{eff}}(\vec{x}')}} \tag{6.4.21}$$

という量を 1 に近づけることを目指しているのがコントラスティブ・ダイバージェンス法と言えそうです。実は、熱浴法にこのファクターによるメ

トロポリステストをくっつけた遷移確率は厳密な詳細釣り合い条件を満たします。

$$
\begin{aligned}
P_\theta^{ex}(\vec{x}'|\vec{x}) &= \min\left(1, \frac{P(\vec{x}')e^{-H_\theta^{\text{eff}}(\vec{x})}}{P(\vec{x})e^{-H_\theta^{\text{eff}}(\vec{x}')}}\right) P_\theta(\vec{x}'|\vec{x}) \\
&= \frac{P(\vec{x}')e^{-H_\theta^{\text{eff}}(\vec{x})}}{P(\vec{x})e^{-H_\theta^{\text{eff}}(\vec{x}')}} \min\left(\frac{P(\vec{x})e^{-H_\theta^{\text{eff}}(\vec{x}')}}{P(\vec{x}')e^{-H_\theta^{\text{eff}}(\vec{x})}}, 1\right) \frac{e^{-H_\theta^{\text{eff}}(\vec{x}')}}{e^{-H_\theta^{\text{eff}}(\vec{x})}} P_\theta(\vec{x}|\vec{x}') \\
&= \frac{P(\vec{x}')}{P(\vec{x})} P_\theta^{ex}(\vec{x}|\vec{x}')
\end{aligned}
\tag{6.4.22}
$$

このようにすると、仮に H_θ^{eff} の定義する確率がターゲット P と厳密に一致していなくても、望む収束が保証されます。ただし、この補正項を実装するためには $P(\vec{x})$ の値にアクセスできる必要があります。例えば、ターゲットが何らかのハミルトニアンを使って

$$
P(\vec{x}) = \frac{e^{-H_{\text{true}}(\vec{x})}}{Z}
\tag{6.4.23}
$$

と書けている場合などはこれが可能でしょう。この場合、学習サンプルはこのハミルトニアンで定義される統計力学系由来の配位のスナップショットとなります。(6.4.23) についてのマルコフ連鎖モンテカルロ法で作った配位で H_θ^{eff} を学習し、(6.4.22) のタイプのマルコフ連鎖で新たな配位を作る、のサイクルを繰り返す機械学習メトロポリス法を自己学習モンテカルロ法といい、2016 年ごろから盛んに研究されています [112]。

第Ⅱ部

物理学への
応用と展開

Emerging applications of
deep learning
to physics

第Ⅱ部では、近年始まった機械学習の理論物理学への応用について例と歴史を挙げながら解説します。機械学習は科学における新たな手法の一つであるため、物理学との関わりも多様です。そこで、物理学自身の問題意識である「逆問題」「相」「微分方程式」「量子多体系」「時空」といった観点から、機械学習の立場や歴史的な発展、そして近年の発展の一部を採り上げて見て行くことにします。このような、物理学の視点からの機械学習の理解は、これまで、そしてこれからの機械学習と物理学の間の関係を大きな視点から知ることにつながり、読者の皆さんの学びとこれからの研究などに役立つことでしょう。

第 7 章：物理学における逆問題　まずはじめに、物理学における逆問題を採り上げます。実のところ、逆問題は物理学の革命的発展の核心ですが、それを解くとはどういうことか、そして、「機械学習は逆問題を解くのが得意である」という文言の意味を見ていきましょう。今後の機械学習の理論物理学への応用に際して、包括的な視点と意義を得ることができるでしょう。

第 8 章：相転移をディープラーニングで見いだせるか　機械学習が物理の発見を学ぶのか、という重要な問いへのアプローチの一つとして、この章では「相転移をディープラーニングで見いだせるか」という問いを検証します。相を理解することは物理学で最も重要なことの一つです。基本的な模型であるイジング模型において、その熱的な相転移現象を、果たして機械学習が発見することができるのでしょうか。

第 9 章：力学系とニューラルネットワーク　ニューラルネットワークは多様な非線形関数を表現する方法ですが、一方、層の間を伝播する情報の波とも考えることができます。この章では、そのような多層伝播を力学系、ひいてはハミルトン系の時間発展と読み替えることができることを示し、物理学における「時間発展」という基礎的な概念とディープニューラルネットワークの親密な関係を見ます。

第 10 章：スピングラスとニューラルネットワーク　そもそもニューラル

ネットワークは、脳の中のニューロンのなす神経回路が元になっていますが、脳の重要な機構の一つに記憶があります。記憶の機構を物理系から説明するホップフィールド模型は、物理とニューラルネットワークの古くからの架け橋です。この章ではホップフィールド模型の解説を行い、物性物理で現在も豊かな研究対象であるスピングラスと機械学習の関係を調べます。

第 11 章：量子多体系、テンソルネットワークとニューラルネットワーク
物性物理では量子多体系の波動関数を求めることが最重要課題ですが、近年の発展としてテンソルネットワークによる波動関数近似があります。一見、ニューラルネットワークのグラフと非常に似ていますが、それらはどのような関係になっているのでしょうか。この章では、制限ボルツマンマシンがテンソルネットワークと親密な関係にあることを見ます。

第 12 章：超弦理論への応用　最後の章では、深層学習の応用として超弦理論の逆問題を解く例を説明します。超弦理論は重力と他の力を統一する理論ですが、近年、重力で支配される世界が他の力の世界と等価であるという「ホログラフィー原理」が盛んに研究されています。どのような重力世界が創発するかという逆問題を、第 9 章で見た力学系との対応を応用することで解き、機械学習と時空の新しい関係を眺めてみましょう。

これら第 7 章から第 12 章はほとんど独立に読み進めることができます。それぞれ、読者の興味に沿った部分から読んでいただいて構いません。全体を通して読んでみると、物理学における多様な例と使用法、そして歴史を通じて、機械学習と物理学の関係が具体的に捉えられることと思います。

第7章

物理学における逆問題

　逆問題は世の中に多く存在しますが、それは物理学においても同じです。この章では、物理学において現れうる逆問題[★1] を、学習の観点から眺め、その意義を学んでみましょう[★2]。そもそも逆問題とはなんでしょうか。一般的に、機械学習は逆問題を解くのに優れていると言われることが多いようですが、それはなぜでしょうか。これらをひもといていくと、機械学習や深層学習を物理学にどのように応用できるのか、その可能性について具体的に検討ができると同時に、個々の研究者が持っている個別の物理の問題について、機械学習にどう頼る意義があるのか、を知ることができます。

[★1]……数学における逆問題と、ここで取り扱う広い意味の逆問題は異なります。数学では、A ならば B であるという定理 C が存在するとき、B ならば A であるという命題を「定理 C の逆」と呼びます。例えば、岡潔が証明した有名な定理の一つにハルトークスの逆問題がありますが、これはその意味での逆問題です。

[★2]……この章の内容は、逆問題に関して一般的な解法を列挙するものではありません。解析的な手法などを学ぶには、文献 [113] などが参考になるでしょう。また、逆問題についてより一般的な読み物として文献 [114, 115] は物理の観点も記述しており入門の準備になります。

7.1 逆問題と学習

　問題を解く通常の方法に対し、アプローチが逆になっているものを、一般に逆問題と呼びます。逆問題の一般的な性質については後述するとして、まずはわかりやすい例から始めてみましょう。

　例として、時間発展を追うような古典力学的問題を考えます。時間発展を決める微分方程式が与えられ、次に初期状態がある時刻 $t = 0$ で与えられれば、任意の時刻 $t > 0$ での状態が決定されます。量子力学におけるシュレーディンガー方程式も同じように考えられます。一方で、逆に、ある時刻 $t > 0$ における状態が与えられたとして、それを再現するような時刻 $t = 0$ での状態を決定せよ、という問題が考えられます。これは初期値問題と呼ばれるものの一種ですが、逆問題であるとも言えます。

　このような時間発展の例はわかりやすいですが、より一般には、逆問題とは次のように定式化できるものでしょう。実数 x を引数として持つ、多項式関数を考えます：

$$f(x) = \sum_{k=0}^{n} J_k x^k . \tag{7.1.1}$$

x を与えれば $f(x)$ が決まりますので、x から $f(x)$ を計算する手続きは、x という初期値が与えられ、その後時間が経って、系が $f(x)$ を与える、という「時間発展」とも考えることができます。そこで、上記の「時間を遡る」という意味の逆問題とは、関数 $f(x)$ が決められているとして、$y = f(a)$ という値が与えられたとき、a を求めよ、という問題になります。因果的に、結論から原因を推定せよ、という形の問題です[★3]。

　時間的な順序を考える場合は、原因と結論という因果的な関係になりますが、空間的な順序に置き換えた逆問題も多く存在します。例えば、非破壊

★3……もちろんシュレーディンガー方程式の場合は線形方程式なので、正の時間発展と負の時間発展は、解く難しさとしては同じであり、逆問題と呼ぶべきものでもありません。

検査や X 線トモグラフィーは逆問題の典型例であるとよく言われます。物体の内部に空洞があるかどうかを調べるために、伝導の法則がよくわかっている方法を用いて、推定する方法です。物体の外部形状（外側の空間境界条件、上の式で言えば $y = f(a)$）と、伝導の法則（例えばポアッソン方程式や波動方程式、熱伝導方程式など、上の式で言えば関数 $f(x)$ の形、すなわち係数 J_k）が与えられたときに、内部の空洞などの形状、すなわち J を求めよ、という問題になっています。このように、方程式系が与えられ、その値から元の初期条件もしくは境界条件を求めよ、という問題は、逆問題となります。

　さて、逆問題としてもう一つの種類があります。それは、関数 $f(x)$ そのものがわかっていない場合に関数 $f(x)$ を求めよ、という問題です。この場合、入力データが $x = x_1$ のときに、出力データが $y_1 = f(x_1)$ となる、ということだけが、条件として与えられます。そのような条件が与えられた場合に、未知関数 $f(x)$ を決定せよ、という問題です。

　もちろん、$y_1 = f(x_1)$ となる、という条件だけでは、一般の関数を決定することができません。このペア (x_1, y_1) は、多項式関数の未知係数 $J_0, \cdots, J_n$ に対して、一つの拘束条件式を置くだけだからです。したがって、未知関数 $f(x)$ に対し、一般にそれを決定するためには、未知係数の種類の数と同じ数のインプット／アウトプットのペア (x_i, y_i) $(i = 1, 2, 3, \cdots)$ を用意する必要があります。

　教師つき機械学習とは、この後者の逆問題のことです。入力データと出力データのペアが教師データとなり、未知関数がニューラルネットワークとなります。つまり、未知関数の係数は、ニューラルネットワークの重みに相当します。

　関数 $f(x)$ の形がある程度判明している場合は、機械学習とは呼ばれず、むしろ「モデル化」と呼ばれることが多いかもしれません。物理的な要請により、$f(x)$ の形状は制限されます。例えば、熱拡散系や波動系など基礎的な振る舞いがわかっており、そこに外場揺動や他の相互作用が加わったという場合には、$f(x)$ の基本形が決まっていて、それに摂動的に小さな効果を加えていく形でモデルを書くことになります。付加的な効果は関数に

新しい項としてつけ加わるので、その係数が未知係数となります。この未知係数を、入力データと出力データから決めていくのです。例えば、$f(x)$がxの線形関数であるモデルだと判明している場合は、線形回帰を行えばよいのです。

一方、深層学習の場合、関数の形として万能性があるため[★4]、まずはモデルを特定することなく非常に広いクラスの関数を取り扱います。そして学習により、モデル、すなわち関数の形、をも制限していく、という方法をとっています。したがって、機械学習、深層学習とは、上記の二つの意味の逆問題のうち、後者の逆問題であり、未知関数としてモデル（関数形）を仮定しないもの、と言えます。

このように、一つの写像 (7.1.1) における逆問題でも、どの部分を未知数と考えるかによって、その問題の性質が大きく変わります。学習は、上で述べたように逆問題の一種と考えられますが、それを物理システムに応用したり、または物理システムとのアナロジーを探求したりする場合には、どの部分を未知数として問題を解こうとしているのか、を明確にしておく必要があります。

「逆問題」と呼ばれる問題の一般的な性質として、次のようなものがあります [114]：

- 直接的に測ることができない対象を知ること
- 結果から原因を推定すること
- 物理法則や支配方程式の決定
- 物理定数の決定

逆問題とは、上記のいずれかに該当し、順方向とは逆の解法が要求されるものです。この中でも、「物理法則の決定」といったものは、物理学を進めていく上で最も重要なものであり、物理学の革新はすべて逆問題である、といっても過言ではないでしょう。ティコ・ブラーエの精密な惑星観測デー

★4……万能近似定理については、第3章を参照してください。

タからケプラーが第3法則を発見したように、また、プランクが輻射公式を発見したように、データに内在する規則性が法則に昇華するのであれば、逆問題の重要性が自ずと明らかになります。

　機械学習は、これら四つの性質のすべてに応用することができる可能性を持った手法です。もちろん、汎化などその根源的な機構がよくわかっていない段階ではありますが、「天才物理学者」と呼ばれる人たちの物理センスのみに頼ることなく、一般的に逆問題にアプローチする強力な方法を機械学習は与えてくれています。

7.2　逆問題における正則化

　さて、機械学習と逆問題の関係をより密接に見るために、非線形関数 (7.1.1) ではなく、逆問題の性質がより明瞭になる線形関数の場合を考えてみましょう。以下に見ていくように、線形関数の問題では逆問題をうまく解く方法が存在します。そこには、**正則化**という概念が導入されます。

　まず、次のような線形変換を考えます。

$$y_i = \sum_{k=1}^{m} J_{ik} x_k. \tag{7.2.1}$$

ここでは、インプットもしくは初期値は x_k というベクトルです。その次元を m としましょう。アウトプットである y_i の次元を n とすれば、J は $n \times m$ の行列です。

　この線形方程式 (7.2.1) において、y_i が与えられたときに x_k を求めよ、という、通常の（先述の意味では第一の意味の）逆問題を考えてみましょう。正方行列 $n = m$ の場合は話が単純であり、行列 J の逆行列 J^{-1} を求めれば、それを用いて

$$x_k = \sum_{i=1}^{m} \left[J^{-1} \right]_{ki} y_i \qquad (7.2.2)$$

のように x_k が求まります。

　この逆問題はうまく解けているように見えますが、実際上は次の二つの困難が起こることがあります。

- 第一に、行列 J の行列式が数値的にゼロに非常に近く、そのために、y_i の値が少し違うだけで x_k が大きく変わってしまう困難。
- 第二に、データ y_i の数が足りない場合、逆行列があっても x_k が決定できない困難。これは、$n < m$ の場合に相当すると考えて差し支えありません。

これらの問題は、データの誤差の意味で関連しています。実際にデータを取り扱う場合、それには常に誤差や測定などの揺らぎが付きまといます。それらを考慮した上で、逆問題を解く場合には単純な線形問題でもこのように困難がありうるのです。

　一般に、アダマール (J. S. Hadamard) による**問題の適切性**とは、次の三つの性質を満たす問題のことを言います：

(1) 解の存在
(2) 解の一意性
(3) 解の安定性（入力値の微小変化に対し出力値の変化が微小であること）

　これらのどれかが満たされていない問題は**非適切な問題**と呼ばれますが、上記の第一の困難が存在する逆問題は、すなわち安定ではないために非適切な問題となります。

　順問題が適切性を満足していても、その逆問題が非適切である例は数多くあります。例えば、多体系の物理法則がマクロには平衡状態に向かうことにその典型例が認められます。熱拡散系など平衡状態への緩和が起こる

180 第 7 章 物理学における逆問題

通常の物理システムでは、時間発展の後の状態から時間発展する前の初期状態を求めるには、出力値の非常に微小な（完全な平衡状態からの）ゆらぎを測定する必要があります。すなわち、緩和系には一般には (3) の安定性が存在しません。

非適切な問題に対して、どのように対処すればよいのでしょうか。例えば、方程式系 (7.2.1) において $n > m$ の場合は**過剰決定系**となり、そのままでは決定不可能となります。このような状況で「近い解」x_i を得るために、次のように考えます。まず (7.2.1) を次のような同値な方程式に書き換えます：

$$L \equiv \sum_{i=1}^{n} \left(y_i - \sum_{k=1}^{m} J_{ik} x_k \right)^2 = 0 . \qquad (7.2.3)$$

この方程式に解は一般には存在しないのですが、解を見つけるのではなく、L が最も小さくなるような x_k を求めるのです。これはまさに最小二乗法です。

非適切な問題に対する一般的な対処法として**ティホノフ** (A. N. Tikhonov) **の正則化法** (Tikhonov regularization) があります。過剰決定系ではなく、条件式が不足している場合 $(n < m)$ を考えてみましょう。方程式 (7.2.1) を満たす解 x_k は無数にありますが、その中で、自分の欲しい性質を兼ね備えた解が欲しいとします。この「性質」は問題の物理的背景などによりますが、例えば x_k はどの成分もそれほど大きさに違いがない、とか、x_k を並べた際にガタガタしていない、などの条件です。どの x_k もとびぬけて大きくなったりしない、という条件を加えるには次の正則化項を L に付け加えて

$$L' \equiv L + \alpha \sum_{k=1}^{m} (x_k)^2 . \qquad (7.2.4)$$

を最小にするように、x_k を求めます。すると、無数にある解の中から、自分の欲しい性質を持った解が得られます[★5]。このように、非適切な問題に対して、正則化項を加えて問題を適切なものに変更することをティホノフの正則化法と呼びます。付け加えられる正則化項は、上記のような L2 ノルムの場合もあれば L1 ノルムの場合[★6] もあり、また、ガタガタになっていないという条件の場合は

$$\Delta L \equiv \alpha \sum_{k=1}^{m-1} (x_k - x_{k+1})^2 \tag{7.2.5}$$

といったような正則化項を付け加える場合もあります。

(7.2.4) を最小にする解を求める方法に、**特異値分解** (singular value decomposition; SVD) があります。行列 J を

$$J_{ik} = \sum_{p=1}^{P} \mu_p u_i^{(p)} v_k^{(p)} \tag{7.2.6}$$

と分解します。ここで、ベクトル u、v は

$$\sum_{i=1}^{n} u_i^{(p)} u_i^{(q)} = \delta_{p,q}, \quad \sum_{i=1}^{m} v_k^{(p)} v_k^{(q)} = \delta_{p,q} \tag{7.2.7}$$

を満たす直交基底で、P は $n \geq P,\, m \geq P$ を満たすようにとることができます。このような (7.2.6) を J の特異値分解と呼びます。この特異値分

[★5]......係数 α は正則化パラメータと呼ばれるもので、学習の観点ではハイパーパラメータと呼ばれます。ハイパーパラメータをどう選ぶかは、どのような解が欲しいか、学習を効率化するため、過学習を防ぐため、などに一般に依存しています。解の性質（例えば (7.2.3) の場合は $|x|$ の大きさ）が、入出力誤差の大きさと同じ程度になるようにとの指針からハイパーパラメータ α を決定する方法を、**モロゾフの食い違い原理**と呼びます。

[★6]......このときには、スパースモデリング (sparse modeling) と呼ばれ、物理系に応用されています [116]。

解を用いて、(7.2.4) を最小にする解 x_k は次のように構成されることが知られています：

$$x_k = \sum_{i=1}^{n} A(\alpha)_{ki} y_i, \tag{7.2.8}$$

$$A(\alpha)_{ki} \equiv \sum_{p=1}^{P} \frac{\mu_p}{(\mu_p)^2 + \alpha} u_i^{(p)} v_k^{(p)}. \tag{7.2.9}$$

行列 $A(\alpha)$ は逆行列を一般化したものであり、特に $\alpha = 0$ のときには**ムーア・ペンローズの逆行列** (Moore–Penrose inverse) と呼ばれます。

　このように線形変換の場合は、逆問題が不適切である場合でも、正則化を用いれば一般的な解法が存在します。しかし機械学習の場合は、パラメータが膨大であり、かつデータが大量であるので、大規模な不足決定系もしくは過剰決定系となっており、また関数が非線形であるため解析的な解法は存在しません。したがって、様々な正則化法を取り入れた数値計算による解の探索を行うことになります。

7.3　逆問題と物理学的機械学習

　これまで述べてきましたように、逆問題には 2 種類あり、それは境界値問題とシステム決定問題です。いずれもが物理学で頻出し、そして実際の研究で重要なシーンとなる問題でしょう。

　境界値問題がうまく機能しないのは、アダマールの適切性で言うところの安定性の問題がある場合です。上記では熱拡散方程式の例を述べました。より一般には、カオス系の逆問題には安定性の問題があります。カオス系とは、軌道が有界な決定力学系であって、初期条件の微小な違いが指数関数的な増大を示す系を言います。つまり、「時間が経つとぐちゃぐちゃになり、初期状態を覚えていない」というシステムのことです。終状態が与えられたときに、時間をさかのぼって初期状態を構築することができなくな

ります。

それにもかかわらず**カオス**の研究が多様に進展しているのは、どのような時間発展の決定方程式がカオスを出しうるのか、その源は何か、といった研究の観点があるからです。例えばポアンカレ・ベンディクソンの定理 (Poincaré–Bendixson theorem) のように、自由度の数が少なすぎるとカオスが発生しない、という証明も存在します。したがって、境界値的逆問題が非適切な場合であっても、解ける解けないの実際的な問題をさて置けば、研究する対象は豊穣なものです。

例えば、カオスのアトラクターが脳内の記憶の機構と関係するという研究も多く、ニューラルネットワークとの関連研究が、これからも期待できそうです。また、カオスの強さを特徴づける**リャプノフ指数**（Lyapunov exponent、指数関数的に違いが増幅する程度 $\sim e^{\lambda t}$ を指数 λ として表したもの）によって、どのくらい逆問題が非適切かを定量的に把握することができます。量子系のリャプノフ指数は、超弦理論の AdS/CFT 対応や量子情報理論と相まって研究が進んでおり、逆問題の観点からの学習との関係の研究が期待されます。

一方で、**システム決定問題**に分類される逆問題は、まさに機械学習が応用される場面です。古くから研究されているシステム決定問題として、量子力学でのポテンシャル決定問題があります。一体問題の量子力学系は、ハミルトニアン H が与えられれば系が決まります。始状態の波動関数を与えれば、ハミルトニアン H による時間発展演算子 e^{-iHt} により、終状態の波動関数を得ることができます。これが順問題です。

システム決定問題としての逆問題は、ハミルトニアン H が未知である場合です。何を既知とするか、がこの問題を解くために重要ですが、例として、よく研究された方法の一つである逆散乱法について、少し述べましょう。逆散乱法では、ハミルトニアンの未知の部分がポテンシャル $V(x)$ であって、そのポテンシャルが漸近平坦である場合に、散乱などの情報からポテンシャルを決定する方法です。一次元の非相対論的量子力学が未知のポテンシャル $V(x)$ によって与えられているとしましょう。このとき、無限遠からの平面波がどの程度透過し反射するか、を与える S 行列を測定し

たとします。これに加え、ポテンシャル $V(x)$ に束縛された状態の波動関数が、無限遠近傍でどの程度指数関数的にゼロに近づくか、がわかったとします。これらの情報からポテンシャル $V(x)$ を再構成する方法が、逆散乱法です。逆散乱法では、これらのデータからある積分方程式を具体的に解くことで、ポテンシャル関数 $V(x)$ を構成できます★7。

　逆散乱法では、散乱と束縛についての漸近データから、未知のポテンシャルすなわちハミルトニアンを構成しました。それでは、束縛状態しかない系などではどうでしょうか。この場合、ハミルトニアンの固有値が既知データとなるでしょう。エネルギー固有値からハミルトニアンを再構成できるでしょうか。このような動機に基づいた研究は、古くから多種多様にあります。例えば、超伝導物質を探る場合、高い温度でも超伝導状態をもたらすような相互作用ハミルトニアンが追究されています。また、広い意味では、創薬なども同じ種類の問題になります。これらの動機からわかるように、ハミルトニアンをある程度うまくモデル化し、その係数をデータから決定する、という方法をとる必要があります。近年の機械学習の研究の進展からわかることは、機械学習はモデルを決定しそして係数を決定するために、大きな可能性を持っているということです。

　後の章でも例として述べられる、超弦理論におけるホログラフィー原理（AdS/CFT 対応）も、システム決定問題としての逆問題であり、また、境界に「住んでいる」場の量子論から内側（バルク）の重力理論を決定するという意味では境界値問題でもあります。以下の章では、ニューラルネットワーク自体を力学系の時間発展の時間軸と見る方法や、AdS/CFT 対応における創発空間と見る方法についても、紹介します。

　深層学習と物理学の関係をつぶさに見ていけば、物理学の様々な問題と機械学習の関係が明らかになってきます。そこから、様々な物理学の問題において、逆問題という「ネックになっている部分」の解決方法が浮かんでくることが期待されます。また、逆問題は本質的に科学の基本部分を発見する行為です。したがって、新しい法則の発見が、機械学習と物理学の

★7……S 行列のみでは $V(x)$ は構成できないことが知られています。

関係を明らかにすることでもたらされると期待するのは、ある程度当然の
ことであると考えられます。

186 　第 7 章 　 物理学における逆問題

COLUMN

スパースモデリング

　このコラムでは、**スパースモデリング**と呼ばれる手法について、見ていくことにしましょう[8]。スパースモデリングは、医療などのイメージセンシングの分野[9]で 20 年近く前から使われてきた手法ですが、最近では「ブラックホールの姿を捉えた手法」の一部 [117] ということで耳にした読者もいるかもしれません。この手法を使うと、なんとノイズが含まれたデータからうまく綺麗な画像を取り出すことができます[10]。

　この章で考察したティホノフの正則化法をより詳しく見てみましょう。一般に未知数の数が方程式の数より多い方程式系を劣決定系と呼びます。次の方程式を考えます。

$$Ax = y \tag{7.3.1}$$

ここで A を $M \times N$ 行列、x を N 次元ベクトル、y を M 次元ベクトルとします。与えられた A と y の下での未知ベクトル x を求めよ、という問題です。この章で示されたように、方程式系 (7.3.1) は

$$\min_{x}\{|Ax - y|_2^2\} \text{ (ただし与えられた } y \text{ に対して)} \tag{7.3.2}$$

という最小化問題に書き換えられます[11]。ここで 2 ノルム $|v|_2$ はベクト

---

　[8]······スパースとは「疎」という意味です。

　[9]······例えば、MRI (Magnetic Resonance Imaging) などの高解像度化などです。

[10]······ブラックホールの姿 (「ブラックホールシャドウ」と呼ばれます) を捉えた実験の場合には、フーリエ成分が観測値、画像データが出力となっています。

[11]······この書き換えは、共役勾配法 (conjugate gradient 法) の導出 [74] が参考になります。

ル v に対して $|v|_2 = \sqrt{x_1^2 + x_2^2 + x_3^2 + \cdots}$ と定義されます。残念ながら、一般に未知数の数が独立な方程式（与えられた情報）の数より多い場合、つまり $N > M$ の場合は解くことができません。このような系が劣決定系です。解くための情報が不足しているのです。この章で説明した手法は

$$\min_x \{|Ax - y|_2^2 - \lambda|x|_2\} \quad （ただし与えられた y と \lambda に対して） \quad (7.3.3)$$

とすれば、もっともらしい解 x が手に入れらるということです。これはリッジ回帰と呼ばれるものです。ムーア・ペンローズの逆行列は、このようにして与えられました。

この方向で議論を進めましょう。例えば A が疎で実行的に次元が低いとしてみましょう。このときには解 x の要素は 0 が多いでしょう。そこで、次のような最小化を考えます。

$$\min_x \{|Ax - y|_2^2 - \lambda|x|_0\} \quad （ただし与えられた y と \lambda に対して） \quad (7.3.4)$$

ここで $|v|_0$ は、ベクトル v の要素が 0 である要素数です。正則化項のおかげでやはり解くことができ、それらしい答えが得られます。また、無駄を省くことができるという意味で、良いでしょう。一方で、この問題を解くためには、すべての x の要素に対して 0 であるかどうかを確かめながら解く必要があるため、組み合わせ爆発を起こしてしまい実用的ではありません。

ならば、2 ノルムと 0 ノルムの中間である 1 ノルムはどうでしょうか。

$$\min_x \{|Ax - y|_2^2 - \lambda|x|_1\} \quad （ただし与えられた y と \lambda に対して） \quad (7.3.5)$$

ここで $|v|_1$ は、ベクトル v に対して $|v|_1 = |v_1| + |v_2| + \cdots$ とした、各成分の絶対値の和です。これが LASSO（ラッソ、least absolute shrinkage and selection operator）と呼ばれる回帰です。この回帰には計算量の困

188 / 第 7 章 / 物理学における逆問題

難もなく、かつリッジ回帰より良い性質を持つことが知られています。

連立方程式を解く問題は様々な場面で現れますが、一例は積分変換で二つの量が結ばれているときでしょう。イメージセンシングやブラックホールシャドウでは実際にそうなっています。物理の文脈では、エネルギースペクトル $\rho(\omega)$ とグリーン関数 $G(\tau)$ は典型的に以下の関係式、つまりフーリエ変換で結ばれています。

$$G(\tau) = \int d\omega K(\tau, \omega) \rho(\omega) \tag{7.3.6}$$

時間 τ とエネルギー ω を離散化し積分をリーマン和であるとみなすと、これは

$$\vec{G} = K\vec{\rho} \tag{7.3.7}$$

の形をしたベクトル $\vec{G}$、$\vec{\rho}$ と行列 K の方程式であるとみなせます。ここで $\rho(\omega)$ を $G(\tau)$ から知りたいとしましょう。現実の計算では、グリーン関数 $G(\tau)$ は典型的に 10 点程度しかわからないことがほとんどですが、エネルギースペクトル ρ としては、例えば 1000 点以上、得たいと考えると、これは劣決定系になっています[12]。そこで、先に述べた LASSO を用いることができるのです[13]。より詳細については、文献 [118] などを参照してみてください。

---

[12]……EHT 計画 (Event Horizon Telescope) でのブラックホールシャドウの場合は、データとしていくつかのエネルギーでのピークがわかっており、一方でその逆フーリエ変換である画像が欲しいわけですが、本質的には上記の話と同じです。

[13]……グリーン関数の場合は、特異値分解を行なって本質的なデータが見やすい基底に移っておく必要があります。

8

第 8 章

相転移をディープ
ラーニングで見い
だせるか

この章では、ニューラルネットワークによる**イジング模型**の相転移検出の解説を行います。まず相転移について簡単に復習したあと、ニューラルネットワークを用いた相転移検出を解説します。

8.1 相転移とは

それでは、題材となるイジング模型の相転移について復習しましょう。まずスピン変数の空間平均 $M[s] = \frac{1}{V} \sum_i s_i$ つまり（自発）**磁化**のカノニカルアンサンブルでの期待値を考えます。それは、

$$\langle M \rangle = \frac{1}{Z} \sum_{\{s\}} e^{-\beta H[s]} M[s] \tag{8.1.1}$$

で与えられます。右辺では、スピン変数 s を確率変数とみなして、確率分布 $\frac{1}{Z} e^{-\beta H[s]}$ の下でスピン変数の空間平均 $M[s]$ を足し上げています。

ハミルトニアンにスピン反転対称性 $H[s] = H[-s]$ があれば、磁化 $\langle M \rangle$ は常に 0 になりそうであることが、以下の議論でわかります。磁化の定義

を書き下し、次のように変形します。

$$\langle M \rangle = \frac{1}{Z} \sum_{\{s\}} e^{-\beta H[s]} M[s] \tag{8.1.2}$$

$$= \frac{1}{Z} \sum_{\{-s\}} e^{-\beta H[-s]} M[-s] \tag{8.1.3}$$

$$= \frac{1}{Z} \sum_{\{s\}} e^{-\beta H[s]} M[-s] \tag{8.1.4}$$

$$= -\frac{1}{Z} \sum_{\{s\}} e^{-\beta H[s]} M[s] \tag{8.1.5}$$

$$= -\langle M \rangle \tag{8.1.6}$$

したがって、$\langle M \rangle = -\langle M \rangle$ という等式が得られますが、この等式を満たす $\langle M \rangle$ は 0 しかありません。等式を得る途中では、状態の和をとる変数 s がダミー変数であること、そして H が s の反転に対して対称であることを用いました。また、定義により $M[-s] = -M[s]$ です。スピンが並んでおり、それらが互いに平行であることを好むようなハミルトニアンの場合、自発磁化が現れると期待できますが、この計算のどこがまずかったのでしょう。じつのところ、状態和 $\sum_{\{s\}}$ は、無限和ですので気をつけなければなりません。つまり、和の順序交換などは任意に行えないため、上記の計算は常に正しいわけではなく、H が s について反転対称であっても、$\langle M \rangle \neq 0$ となる場合があるのです[1]。

より具体的には、2 次元以上のイジング模型では、ある**温度**を境に低温で

---

[1]……このようなことが起こるためには、$V \to \infty$（**熱力学極限**、大自由度極限）が数学的には必要ですが、物理では、十分大きな V であれば現実的には実現されえます。例えば、すべてのスピンが上向きである基底状態とすべてのスピンが下向きであるイジング模型の基底状態を考えてみましょう。この二つの状態間は、有限の体積では、有限の遷移確率を持っているために遷移しえます。そのため無限自由度極限をとらなければ、自明にスピン平均（自発磁化）が 0 しかとりえません。ですがその状態間の遷移確率が $\exp(-1/\text{宇宙寿命})$ より十分小さければ、それは遷移しないと考えても実用上問題ない、というくらいの意味です。実際の物質も体積は有限ですが、分子の数はアボガドロ数程度あり、実際上は無限が良い近似（理想化）になっています。理論的に相転移を統計力学を用いて記述するに

は $\langle M \rangle \neq 0$、高温では $\langle M \rangle = 0$ となることが知られています。$\langle M \rangle = 0$ となっているパラメータ領域を常磁性相や無秩序相 (paramagnetic phase, disordered phase)、$\langle M \rangle \neq 0$ となっているパラメータ領域を強磁性相や**秩序相** (ferromagnetic phase, ordered phase) と呼びます。相が切り替わる温度のことを相転移温度、相が変わることを**相転移**と呼びます。また、ここに現れた**磁化** M は、**秩序パラメータ** (order parameter) と呼ばれ、相転移を特徴づけています。

相転移現象は、先に見た磁性体転移や水の気液相転移など広く物質に見られるだけでなく、素粒子の世界でも真空自体の性質が変わる真空の相転移があり、質量の存在に大きく関わっているなど、重要な研究対象になっています。

相転移は、相を特徴づける対称性を見つけ、対称性に関連した秩序パラメータを定めることで記述されます。そして典型的には、秩序パラメータは自由エネルギーの微分から求まります。2 次元イジング模型などの数少ない模型を除いて、相転移温度は解析的に求まっておらず、数値計算を用いて決めるしかありません。また、トポロジカル物質の相転移は、局所的な秩序パラメータを持っておらず、相転移を特徴づけることが難しいことが知られています。このような状況において、ニューラルネットワークを用いて相転移を見つけたいというのは自然な考えです。以下では、ニューラルネットワークを用いて相転移を直接見つける研究について説明します。

8.2　ニューラルネットワークを使った相転移検出

教師あり学習にニューラルネットワークを使う場合、ニューラルネットワークは

は、極限順序を保ったまま、$\lim_{B \to 0} \lim_{V \to \infty} \langle M \rangle$ を計算し、温度の関数として $\langle M \rangle$ の極限値を調べる必要があります。ここで B は、対称性を破る外場（今の場合は z 軸方向の磁場）です。

- データ $(x, d) = (入力, その答え)$ をたくさん与えたとき、未知の入力値 x' について結果 d' がどうなるかを推測する

のでした。未知の現象を予測するためには、学習データはたくさんなければなりませんが、幸いなことに計算物理の研究をする場合、数値計算を介して膨大な量のデータが手に入ります。特にモンテカルロ法を用いた計算物理の分野では、データは（計算資源が許す限り）無数に作ることができるため、機械学習にうってつけなのです。

例えば統計力学で何らかの相転移を持つ模型を考え、モンテカルロ法でスピン配位を生成します。そのそれぞれのスピンの配位がどの相に属するかを、機械学習で決定できるでしょうか？ 2 次元イジング模型は有限の温度で相転移を持つ模型の中で最も簡単なものですが、イジング模型の相転移をニューラルネットワークは見分けられるだろうか、という問題に、肯定的に文献 [119] の研究は答えています。

まず、学習データはメトロポリス法を用いて比較的簡単に作ることができます。2 次元正方格子上のスピンを考えます。ハミルトニアン H は

$$H[s] = -\sum_{i,j} s_{i,j}(s_{i+1,j} + s_{i,j+1}) \tag{8.2.1}$$

です。ここで交換相互作用定数は、強磁性を表す -1 ととりました。するとこの模型は、第 5 章のコラムで取り上げた通り、温度 $T = 2.27$ の辺りで常磁性／強磁性の相転移を起こすことが知られています [82,83]。

話をニューラルネットワークを用いた相転移検出に移しましょう。まず学習データとなるスピン配位は以下の手順で作られます：

1. 温度 T を選ぶ
2. メトロポリス法により作成した温度 T のスピン配位 s をサンプルする
3. $T < 2.27$ なら $d = 0$, $T > 2.27$ なら $d = 1$ とする
4. (s, d) を学習データに加える

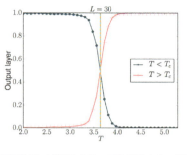

図 8.1 正方格子イジング模型 H で学習した後、三角格子イジング模型 H_3 の配位を入れたときの温度ごとのニューラルネットワークの出力（論文 [119] より抜粋）。

このステップを相転移温度 $T = 2.27$ をまたいだ範囲 $T \in [T_{\text{low}}, T_{\text{high}}]$ で繰り返せば、与えられたスピン配位 s が秩序相 ($T < 2.27$) か無秩序相 ($T > 2.27$) かを判定するニューラルネットワークの学習データを作ることができるわけです。つまり「相の判別機」としてニューラルネットワークを設計し、学習させます。

このデータで学習済みのニューラルネットワークを用いて、面白い応用が可能になります。というのも、先ほどの H で定義される正方格子イジング模型ではなく、三角格子イジング模型

$$H_3[s] = -\sum_{i,j} s_{i,j}(s_{i+1,j} + s_{i,j+1} + s_{i+1,j+1}) \tag{8.2.2}$$

も同様の相構造を持つことが知られていますが、この時の相転移温度は $T = 2.27$ ではなく、$T = 3.64$ です。実は H を使って学習したニューラルネットワークは、H_3 の相転移を検出できます（**図 8.1**）。$T = 3.64$ の辺りで確かにニューラルネットワークの出力が 0 から 1 にジャンプしているのがわかります。この事実がもし他の模型でも成り立つのであれば、相転移を検出する新たな方法が得られたことになります。

この「相の判別機」のアイデアは確かに面白いのですが、実際に未知の相転移を見出す際には弱点があります。それは学習データを作る際に、少

なくともよく似た模型での相転移点が既知でないといけないという点です。つまり相転移検出のすべてをニューラルネットワークでまかなうことはできず、理論的に相転移点を知っている必要がある、ということです。これでは使える場合が限られてきますから、どうにかして相転移点、今の場合は相転移温度 $T = 2.27$ も、自動検出できないだろうか、という素朴な疑問が思い浮かびます。

そこで視点を変え、「相の判別機」ではなく、「温度計」を作ることを考えてみましょう [120]。上述の 2 値分類では T が 2.27 以上かそれ以下かでクラスを二つに分けていましたが、今回はこのような相転移温度の事前知識を用いないで、素朴に N 個のクラスに分割します。より詳しく言うと、学習データを相転移温度 $T = 2.27$ を含むような範囲 $[T_{\text{low}}, T_{\text{high}}]$ で作り、これを N 区間に等分し、どこの区間に含まれるかでクラス 1, クラス 2, $\cdots$, クラス N とします。誤差関数はソフトマックスエントロピーを用いることにします。

学習後のニューラルネットワークの最終層とその一つ前の層 A をつなぐニューラルネットワークの重み J を可視化して見てみましょう。横軸：最終層のノード＝離散化された温度、縦軸：層 A の成分方向、として、学習後の J の行列成分をピクセルとみなして画像としてプロットしてみます。すると相転移温度付近で行列成分に急激な変化が生じます（**図 8.2**）。文献 [120] では、このヒートマップから具体的な相境界の値を推定する方法を提案しており、その結果 $T = 2.27$、逆温度で $\beta = 0.44$ に極めて近い部分が対応することがわかります。詳細は原論文に譲りますが、結果は、表 8.1 のようになり、たしかに転移温度が検出できています。この方法は系の物理的性質を事前に知らなくても相転移現象を発見できる可能性を示唆しており、興味深い結果です。

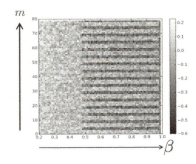

図 8.2 学習後のニューラルネットワークの最終層につながる重み J のヒートマップ（[120] より抜粋）。

系のサイズ	β_c CNN	β_c FC
8×8	0.478915	0.462494
16×16	0.448562	0.433915
32×32	0.451887	0.415596
$L \to \infty$	$\beta_c^{\text{Exact}} \sim 0.440686$	

表 8.1 上から 3 行が、ニューラルネットワークが検出した相転移温度。逆温度 β で書かれています。極限 $L \to \infty$ は無限体積に対応しており、そこでは厳密な相転移の逆温度は $\beta_c^{\text{Exact}} = \frac{1}{2}\log(\sqrt{2}+1)$ となることが知られています。CNN は畳み込みニューラルネットワーク、FC は全結合ニューラルネットワークです。

8.3 ニューラルネットワークは何を見ているのか

なぜこの手法が相転移現象を検出できるのかについての理論的考察を行うことも可能です。ここでは文献 [121] に基づいた説明をしてみます。まずは「線形 → 非線形」を 2 回繰り返した、以下 (8.3.1) のネットワークで、中間層のユニット数を 3 にしてみます。

$$f_{\theta,\varphi}(\vec{x}) = \vec{\sigma}(\theta \vec{z}), \quad \vec{z} = \vec{\sigma}(\varphi \vec{s}) \tag{8.3.1}$$

$\vec{s}$ は、スピン配位 s を並べてベクトルの形にしたものです。使う活性化関

数 $\vec{\sigma}$ はソフトマックス関数であり、定義は

$$[\vec{\sigma}(\vec{z})]_I = \frac{e^{z_I}}{\sum_J e^{z_J}} \qquad (8.3.2)$$

となっています。出力が規格化されているため、出力が確率とみなせます。θ と φ は、学習パラメータ（重み）です。実験結果を、**図 8.3** 左側に示します。この場合で得られた θ^* をみてみると、やはり相転移を検出していることがわかります。

ところで、中間の 3 次元ベクトル

$$\vec{u} = \begin{pmatrix} u_{\text{赤}} \\ u_{\text{緑}} \\ u_{\text{青}} \end{pmatrix} = \varphi^* \vec{x} \qquad (8.3.3)$$

には、どんな情報が出てきているでしょうか。これを色々な $\vec{x} = \sigma_{x,y}$ について、横軸を磁化 $\langle M \rangle$、縦軸を $\vec{u}$ の各成分にとってプロットしてみたの

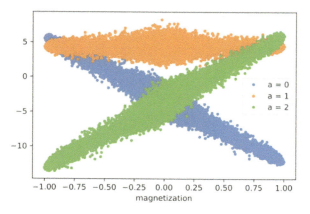

図 8.3 左：中間次元 3 の場合の θ^*，右：そのときの $\vec{u}$ の各成分の出力と入力配位の磁化の間の相関（[121] より抜粋）。

が図 8.3 の右側です。ご覧の通り、明らかな相関がありますので、中間層では相転移の秩序変数が学習されている、と結論できます。

　ネットワークを深層化すると実は、内部エネルギーの情報が直接埋め込まれていることも確認できます。これはニューラルネットワークと統計系の理論的なつながりを示唆するものでもあります。興味のある読者は、文献 [121] を参照してみてください。また、関連研究として [122, 123] を読んでみるとよいでしょう。

第 9 章

力学系と
ニューラル
ネットワーク

　ニューラルネットワークを用いて様々な物理系が表現できるとすれば、それは、機械学習にその系を乗せて解析できる可能性を大きく開くことになります。物理学は、局所性と因果性の概念により、微分方程式が基礎方程式となっていますから、どのような微分方程式がニューラルネットワークの表現を許すのかを調べることが必要になってきます。機械学習においては、ニューラルネットワークにも非常に多くの種類があり、主に学習効率を向上する観点から新たなネットワーク構造が提案されるため、**微分方程式**との対応は明らかではありません。すなわち、微分方程式を離散化して得られるネットワークは、機械学習や深層学習のためのニューラルネットワークとは、意図を異にしているのです。

　この章では、限られた考察ですが、微分方程式とニューラルネットワークの関係を概観し、特にハミルトン力学系について、どのようなハミルトニアンが典型的なニューラルネットワークの構造を許すのかについて、議論します。

9.1 微分方程式とニューラルネットワーク

まずは、この章で「典型的なニューラルネットワーク」と呼ぶものを定義しておきましょう。**図9.1**のようなニューラルネットワークを考えます。層が左から右に並び、各層には同じ次元のベクトル x_i が並んでいます（添字 i はベクトルの要素をラベルするものです）。層の間は、線形変換 $x_i \to J_{ij}x_j$ と、活性化関数による局所非線形変換 $x_i \to \sigma(x_i)$ が順番に作用しています。この積み重ねにより、ニューラルネットワークの最終的なアウトプットは

$$y(x^{(1)}) = f_i \sigma(J_{ij}^{(N-1)} \sigma(J_{jk}^{(N-2)} \cdots \sigma(J_{lm}^{(1)} x_m^{(1)}))) \tag{9.1.1}$$

と書かれます。

繰り返しになりますが、学習とは、ネットワークの可変変数 $(f_i, J_{ij}^{(n)})(n = 1, 2, \cdots, N-1)$ を変化させることにより、次の**誤差関数**を最小化することです：

$$L \equiv \sum_{\text{data}} \left| y(\bar{x}^{(1)}) - \bar{y} \right| + L_{\text{reg}}(J). \tag{9.1.2}$$

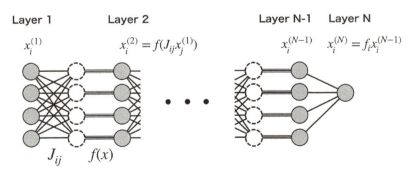

図9.1 典型的なディープニューラルネットワーク。実線は行列 J をかける線形変換、三重線は非線型変換（活性化関数）を表します。

ここで、和は教師データのペア $\{(\bar{x}^{(1)}, \bar{y})\}$ の集合全体を走ります。$\bar{x}^{(1)}$ は第 1 層に入力する入力データであり、$\bar{y}$ は最終層から出力されるはずの正解出力データです。また、付加項の L_{reg} は正則化項と呼ばれ、学習をコントロールするために導入されます。

さて、ニューラルネットワークと微分方程式の間の関係について、見ていきましょう。2016 年、**ResNet**（residual network、**残差ニューラルネットワーク**）と呼ばれるディープニューラルネットワークが考案され [24]、非常に層数が多くても学習が進む効率の良いネットワークとして知られています。これは、ニューラルネットワークに迂回路を設け、その迂回路は入力をそのまま出力として合流させるものです。

$$x_i^{(n+1)} = f(J_{ij} x_j^{(n)}) + x_i^{(n)} . \tag{9.1.3}$$

右辺の第 1 項が、先ほどの典型的なニューラルネットワークですが、第 2 項が迂回路 (skip connection) です。このような項を加えることで、深層化しても学習が進むことがわかってきました[1]。その理由は、誤差逆伝播が効率的に進むからではないか、とも考えられています。ResNet の概念図を**図 9.2** に示します。

この ResNet は、微分方程式を離散化したものとして解釈することができます [125]。力学系の時間発展を決める方程式を

$$\dot{x}_i(t) = f_i(x_j(t)) \tag{9.1.5}$$

と与えると、時間を離散化すれば

---

[1]......ResNet の登場より早く、迂回路の可能性は検討されています。Highway Network と呼ばれ [124]、次のような形をしています：

$$x^{(n+1)} = T\left(\tilde{J}x^{(n)}\right) f\left(Jx^{(n)}\right) + \left(1 - T\left(\tilde{J}x^{(n)}\right)\right) x^{(n)} . \tag{9.1.4}$$

ここで、学習対象となっている $T(\tilde{J}x^{(n)})$ は、迂回路に回す量の割合を決めています。$T(\tilde{J}x^{(n)})$ を定数とし $T = 1/2$ とおけば、ResNet (9.1.3) が得られます。

9.1　微分方程式とニューラルネットワーク　　201

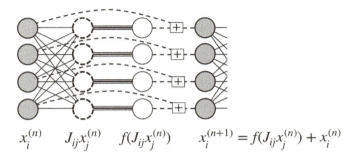

図 9.2　ResNet の概念図。先の図 9.1 に表された典型的なディープニューラルネットワークの構造に、点線で表された、$x_i^{(n)}$ を加える作用が加わっています。「+」を囲む箱は入力を足し合わせる線形変換を表しています。

$$x_i(t_{n+1}) = x_i(t_n) + (\Delta t)f_i(x_j(t_n)), \quad t_{n+1} = t_n + \Delta t \quad (9.1.6)$$

のようになり、(9.1.3) はこの形をしています。すなわち、深層化した ResNet は、活性化関数の大きさについて適切な極限をとれば（この大きさは Δt に相当するので学習上はハイパーパラメータとみなされます）、連続的な時間発展の方程式に一致するのです[★2]。

　ここで、すべての力学系の微分方程式が ResNet のように書けるわけではないことに注意しましょう。x の成分が複数の場合、すなわちユニット数が複数の場合は、一般には ResNet のようには書けません。ニューラルネットワークの形になるためには、非線形項が (9.1.3) の活性化関数の形、すなわち $f(J_{ij}x_j)$ になっていなければならず、力学系を定義する任意の $f_i(x(t))$ がいつでもその形になるわけではないからです。このような微妙な点については、あとでハミルトン力学系の場合にもう少し詳しく見ることにしましょう。

　さて、ResNet のさらに一般化として、**RevNet** (reversible residual network) と呼ばれるニューラルネットワーク [127] があります。RevNet

---

[★2] 深層化の連続極限については、データ同化の観点でも文献 [126] などで議論されています。

は再び残差学習ですが、次のように対称的な形をしています：

$$x_i^{(n+1)} = f(J_{ij} y_j^{(n)}) + x_i^{(n)}, \qquad (9.1.7)$$

$$y_i^{(n+1)} = g(J_{ij} x_j^{(n+1)}) + y_i^{(n)}. \qquad (9.1.8)$$

先程と同様に考えれば、このニューラルネットワークは、次の力学系を離散化したものとなっていることがわかります。

$$\dot{x}(t) = f(y(t)), \quad \dot{y}(t) = g(x(t)). \qquad (9.1.9)$$

ここで「reversible」とは、最終層でのデータ出力の値から、入力層まで順番に戻っていける、という意味です。(9.1.8) の右辺をよく見てみると、$x_j^{(n)}$ ではなく $x_j^{(n+1)}$ となっています。このために、出力データ $(y_i^{(n+1)}, x_i^{(n+1)})$ が与えられれば、まず (9.1.8) で $y_i^{(n)}$ が求まり、次に (9.1.7) で $x_i^{(n)}$ が求まる、という順に戻っていくことができるのです。戻れるということは、実は学習に使われるメモリの大きさと関係しています。通常のニューラルネットワークの誤差逆伝播法では、それぞれの層の重みをメモリに記憶させておく必要があります。しかし reversible なニューラルネットワークの場合は、それぞれの層の重みを最終層のデータから再計算することができるので、重みをメモリに記憶させておく必要がなく、メモリについて効率的な学習を与えます。

　さらに、reversible であることと力学系の微分方程式には深い関係があります。力学系では**カオス**と呼ばれる特徴的な振る舞いが重要な研究対象の一つとなっています。カオスとは初期値鋭敏性のことで、ニューラルネットワーク的に言えば、初期入力データがほんの少し擾乱を受けただけで、出力値が全く変わってしまうことを言います。カオス的な力学系を離散化したニューラルネットワークは入力データの摂動に弱く、すなわち学習が進みづらくなると考えられます。カオスを持たない力学系に基づいたニューラルネットワークを「安定なニューラルネットワーク」と呼びます [128]。

一方、reversible なニューラルネットワークで、逆方向への伝播を考える際にもカオス的な振る舞いがあると、同様の問題が発生しえます。この場合はむしろ、初期の入力が最終層に到達する前に完全に崩壊してしまう（入力データの違いによる出力データの変化が見られない）という状況に対応し、力学系の言葉では**アトラクター**の存在に関係します。力学系におけるカオスの度合いは**リャプノフ指数**と呼ばれる固有値で測られ、それが正の値を持つとカオス的、負の値を持つと崩壊的です。リャプノフ指数が実部を持たないような力学系が、reversible なニューラルネットワークには適切です [129]。

この他にも、ハミルトン方程式を模して作られたニューラルネットワーク★3 や、1 階微分ではなく 2 階微分の方程式から作られたものも存在します。このように、ニューラルネットワークを深層化しかつ効率よく学習させるために登場した迂回路 (skip connection) は、ニューラルネットワークを微分方程式の離散化したものと解釈するのに好都合な形をしています★4。

9.2　ハミルトン力学系の表示

任意のハミルトン力学系の時間発展をニューラルネットワークのように表現することは難しいのですが、限られたクラスのハミルトニアンであれば、容易に、局所的な活性化関数を用いたニューラルネットワーク表示ができます。このことを見ていきましょう★5。

★3......例えば文献 [128] では、ハミルトニアン力学系を参考に、次の微分方程式を離散化したニューラルネットワークを与えています：

$$\dot{y}(t) = \sigma(k(t)z(t) + b(t)) \tag{9.1.10}$$

$$\dot{z}(t) = -\sigma(k(t)y(t) + b(t)) \tag{9.1.11}$$

ここで、$k(t)$ や $b(t)$ は重みやバイアスに対応する部分であり、σ は活性化関数です。第二式の右辺の前にマイナスが付いていることからわかる通り、これはハミルトン方程式に着想を得て書かれたニューラルネットワーク的な微分方程式です。（ただし、注意深く見てみると、この微分方程式はハミルトニアンから導かれるものではありません。）

★4......また、常微分方程式そのものをニューラルネットワークとして用いる方法も研究されています [130]。

★5......この節の結果は文献 [131] によります。

204 第 9 章 力学系とニューラルネットワーク

ハミルトニアンによる時間発展は、ハミルトニアン $H(p, q)$ が与えられれば、次の**ハミルトン方程式**に決まります:

$$\dot{q} = \frac{\partial H}{\partial p}, \quad \dot{p} = -\frac{\partial H}{\partial q}. \tag{9.2.1}$$

ここでは簡単のために、1 次元系、すなわち $p(t)$ と $q(t)$ が一つずつの場合を考えることにしますが、多次元系への一般化は容易です[★6]。

まずは、最も単純な解釈をトライしてみましょう。それは、ニューラルネットワークの各層のベクトルの次元を 2 として、それを $(q(t), p(t))$ と同一視し、t 方向を離散化して、層を重ねる方向とみなす、ということです。この方法では、残念ながら自由なハミルトニアン(すなわち p や q について 2 次の多項式のみから成るハミルトニアン)のみがニューラルネットワーク表示を許すことが示されてしまいます。

離散的な時間並進 $t \to t + \Delta t$ を層の間の変換と同一視したニューラルネットワークは、

$$q(t + \Delta t) = \sigma_1(J_{11}q(t) + J_{12}p(t))$$
$$p(t + \Delta t) = \sigma_2(J_{21}q(t) + J_{22}p(t)) \tag{9.2.2}$$

のように書けます。つまり、線形変換 J と非線形な局所変換 σ を続けて行うということです。ここで「局所」と言っているのは、σ_1 の引数は一つ目のユニットの値のみ、σ_2 の引数は二つ目のユニットの値のみであることを意味します。このネットワークは、**図 9.3** 左に示されています。ここで、ユニット $x_1^{(n)}$ と $x_2^{(n)}$ は、直接、$q(t)$ と $p(t)$ に同一視されています。時間 t は離散化され、その間隔を Δt として、$t = n\Delta t$ と表されています。

[★6]‥‥‥ハミルトニアン力学系の、他の方法でのニューラルネットワークとの同定には、例えば文献 [132] などがあります。また、超弦理論への応用において、非線形常微分方程式をニューラルネットワーク表示できることを、第 12 章で紹介します。

9.2 ハミルトン力学系の表示

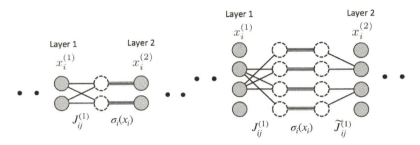

図 9.3 左：正準変数をニューラルネットワークのユニットとみなし、層の間の変換を離散時間並進とみた、単純なネットワーク。右：より一般のハミルトン力学系を表すために拡張されたニューラルネットワーク。

では、ハミルトン方程式 (9.2.1) は、ニューラルネットワーク (9.2.2) の形に書けるでしょうか。まず、そもそも、(9.2.2) が、連続時間での微分方程式を離散化したものと解釈できるためには、(9.2.2) が $\Delta t = 0$ で矛盾なく等式になる必要があります。したがって、次の条件が重み J と活性化関数 σ に対して要求されます：

$$J_{11} = 1 + \mathcal{O}(\Delta t), \quad J_{22} = 1 + \mathcal{O}(\Delta t), \tag{9.2.3}$$

$$J_{12} = \mathcal{O}(\Delta t), \quad J_{21} = \mathcal{O}(\Delta t), \tag{9.2.4}$$

$$\sigma(x) = x + \mathcal{O}(\Delta t). \tag{9.2.5}$$

これらを満たすため、次のように置いてみましょう。

$$J_{ij} = \delta_{ij} + w_{ij}\Delta t, \quad \sigma_i(x) = x + g_i(x)\Delta t. \tag{9.2.6}$$

ここで w_{ij} $(i, j = 1, 2)$ は定数パラメータの重みであり、$g_i(x)$ $(i = 1, 2)$ は非線形関数です。これらを (9.2.2) に代入し、$\Delta t \to 0$ の極限をとると、次の表式を得ます。

$$\dot{q} = w_{11}q + w_{12}p + g_1(q), \tag{9.2.7}$$

$$\dot{p} = w_{21}q + w_{22}p + g_2(p). \tag{9.2.8}$$

これらがハミルトン方程式 (9.2.1) となるためには、これらの右辺がシンプレクティックな関係式を満たす必要があります。

$$\frac{\partial}{\partial q}(w_{11}q + w_{12}p + g_1(q)) + \frac{\partial}{\partial p}(w_{21}q + w_{22}p + g_2(p)) = 0. \tag{9.2.9}$$

しかしながら、この方程式は、いかなる非線形 $g_i(x)$ をも許しません。したがって、ユニットのベクトルと (p,q) を単純に同一視するだけでは、線形なハミルトン方程式しか得ることができないことになります。

　そこで、少し工夫をしましょう。ユニットと正準変数の関係を拡張し、また、時間発展と層の間の変換の関係を拡張します。次のような関係を仮定しましょう。

$$x_i(t + \Delta t) = \widetilde{J}_{ij}\sigma_j(J_{jk}x_k(t)). \tag{9.2.10}$$

これは、次の二つの点で、(9.2.2) とは異なっています。第一に、$x_1 = q$ と $x_2 = p$ は以前と同じですが、他に x_0 と x_3 を加え、$i, j, k = 0, 1, 2, 3$ としている点。第二に、$\widetilde{J}$ を導入していることです。この第二の点は、ニューラルネットワークを変更してはいません。単に、層の間をつなぐ J を二つの線形変換に分け、奥の層で作用している線形変換の一部を手前に作用しているように書き直しただけです。このように、時間の離散並進とネットワークの層の並進を若干ずらして、線形変換 $J \rightarrow$ 非線形局所変換 $\sigma \rightarrow$ 線形変換 $\widetilde{J}$、の組み合わせを Δt の時間並進とみなすことにします。

　このように拡大分割されたニューラルネットワークにおいて、次のように疎な重みと局所活性化関数を選んでみます：

$$
J = \begin{pmatrix} 0 & 0 & v & 0 \\ 0 & 1+w_{11}\Delta t & w_{12}\Delta t & 0 \\ 0 & w_{21}\Delta t & 1+w_{22}\Delta t & 0 \\ 0 & u & 0 & 0 \end{pmatrix}, \quad \widetilde{J} = \begin{pmatrix} 0 & 0 & 0 & 0 \\ \lambda_1 & 1 & 0 & 0 \\ 0 & 0 & 1 & \lambda_2 \\ 0 & 0 & 0 & 0 \end{pmatrix},
$$

$$
\tag{9.2.11}
$$

$$
\begin{pmatrix} \sigma_0(x_0) \\ \sigma_1(x_1) \\ \sigma_2(x_2) \\ \sigma_3(x_3) \end{pmatrix} = \begin{pmatrix} f(x_0)\Delta t \\ 1 \\ 1 \\ g(x_3)\Delta t \end{pmatrix}.
\tag{9.2.12}
$$

ここで (u, v, w_{ij}) $(i, j = 1, 2)$ は重み定数です。このニューラルネットワークの概念図は図 9.3 右に示されています。

この時間並進の定義を用いると、層の間の変換は

$$
\dot{q} = w_{11}q + w_{12}p + \lambda_1 f(vp), \tag{9.2.13}
$$

$$
\dot{p} = w_{21}q + w_{22}p + \lambda_2 g(uq) \tag{9.2.14}
$$

と得られます。ハミルトン方程式のシンプレクティック構造の条件は、

$$
w_{11} + w_{22} = 0 \tag{9.2.15}
$$

となり、簡単に満たせます。対応するハミルトニアンは

$$
H = w_{11}pq + \frac{1}{2}w_{12}p^2 - \frac{1}{2}w_{21}q^2 + \frac{\lambda_1}{v}F(vp) - \frac{\lambda_2}{u}G(uq) \tag{9.2.16}
$$

であり、ここで

$$
F'(x_0) = f(x_0), \quad G'(x_3) = g(x_3) \tag{9.2.17}
$$

と選びました。これが、ディープニューラルネットワーク表現を持つ非線形ハミルトニアンです。

例として、例えば

$$w_{11} = w_{21} = 0, \quad w_{12} = 1/m, \quad \lambda_1 = 0, \quad \lambda_2 = 1, \quad u = 1, \tag{9.2.18}$$

と選んだとすると、対応するハミルトニアンは、任意のポテンシャル中を運動する非相対論的粒子のハミルトニアンとなります:

$$H = \frac{1}{2m}p^2 - G(q). \tag{9.2.19}$$

また、$F(p)$ を工夫すれば、相対論的な粒子のハミルトニアンも作ることができることが、容易にわかります。

さらに一般の、p と q の両方が非線形関数として含まれるような非線形ハミルトニアンをニューラルネットワークで構築するには、その非線形性の基準となる線形の組み合わせを基準とした、ネットワーク構成が必要になります。詳しくはここでは述べませんが、上記のようにネットワークを拡張することで、さらに様々なハミルトニアンが構築できます★7。

この章では、微分方程式やハミルトン方程式による時間発展が、ニューラルネットワークの上のデータの伝播として再構築できることを見てきました。ここで紹介した方法を用いれば、物理システムの時間発展をそのまま、深層学習のスキームに乗せることができます。学習の本分は、汎化と逆問題の解法です。物理システムの時間発展問題が、逆問題を抱えていたり、もしくは未知のデータへの応用を基本としている場合は、この章の手法が有効な場合があるでしょう。

第 12 章では、物理システムの発展問題が逆問題を抱えている例を取り

★7……非線形シュレーディンガー方程式なども、同様の手法で構築することができます。

上げ、深層学習による解法を述べます。すなわち、発展方程式自体が未知であり、発展する前と後のデータが与えられている場合に、発展方程式を決定する問題です。方程式系を決定することは、物理の最もエッセンシャルな部分ですが、そのような面に機械学習的手法を取り入れることで、有効に解析を進めることができることがあるのです。

第10章

スピングラスと
ニューラル
ネットワーク

　ニューラルネットワークと物理系との類似性は、**ホップフィールド模型** (Hopfield model) 抜きに語ることはできません。ホップフィールド模型 [133] は、多数の**スピン**が結合した系によって、脳の記憶の機構を説明する模型です[1]。スピンを持つものが多数集まり、それぞれのスピンの間に様々な相互作用を持つと考えましょう。このとき、エネルギーの低い準安定状態として多数の状態が現れ、縮退します。このような系を**スピングラス**と呼びます。ガラスとは、固体のように整然と原子が並んでいるのではなく、たくさんの状態をとりうることから、スピングラスという名が付けられています。このような古典スピングラス系は、一種のニューラルネットワークと考えることができるのです。

　ニューラルネットワークを我々のよく知る物理系と結びつけることは、本書の主題の一つです。このように統計物理学で主役となるスピングラス系がニューラルネットワークと関係することはたいへん興味深く、物理と学習を結びつける一つの大きな交差点です。ホップフィールドは、以下に見ていくように、スピングラス上のある集団的ダイナミクスを用いて、**記**

---

[1]……甘利俊一氏 (S. Amari) がその 10 年前に同様の模型を発表しており [134]、甘利・ホップフィールド模型 (Amari-Hopfield model) とも呼ばれます。

憶をモデル化しました。これは、長期記憶を力学系のアトラクターとみなせる考え方を与えています。歴史的にはこの観点から、脳のカオス的な理解、すなわち力学系としての脳の理解が進展しました。この章ではホップフィールドの考え方に立ち戻り、スピングラス系とニューラルネットワークとの関係を見ていくことにしましょう。

10.1 ホップフィールド模型とスピングラス

脳の長期記憶と連想の模型であるホップフィールド模型を導入しましょう。神経回路は、**神経細胞（ニューロン）**の互いの結合によって構成されています。ニューロン同士はシナプスでつながっており、ニューロンは発火状態と非発火状態を持ちえます。一つのニューロンが発火しているとき、シナプスを通って次のニューロンに信号が伝達されます。次のニューロンでは、そこに入力されるすべての電気信号の重みつき総和があるしきい値を超えると、発火します。

このような系を、次のようにモデル化してみましょう。ニューロンが N 個集まった系において、それぞれのニューロンの状態を $\{s_i\}$ $(i = 1, 2, \cdots, N)$ とし、i 番目のニューロンの発火状態を $s_i = 1$、非発火状態を $s_i = 0$ と定義します。そして、i 番目のニューロンと j 番目のニューロンをつなぐシナプス強度を J_{ij} と書きます。入力により、もともと状態 s_i であったところが状態 s_i' に変化する、という発火を決めるルールは、

$$s_i \to s_i' \equiv \theta \left(\sum_j J_{ij} s_j - h_i \right) \tag{10.1.1}$$

とします。h_i はしきい値であり、$\theta(x)$ はステップ関数

$$\theta(x) = \begin{cases} 1 & (x > 0) \\ 0 & (x \leq 0) \end{cases} \tag{10.1.2}$$

ですので、入力信号の重みつき総和 $\sum_j J_{ij}s_j$ がしきい値 h_i を超えたときに $s_i' = 1$ となり発火します。

ホップフィールド模型のルール (10.1.1) は、活性化関数がステップ関数になっていると考えると、今まで登場したニューラルネットワークの層間データ伝播のルールと同じです。では、ホップフィールド模型は、深層学習とどう違うのでしょうか。

まず、通常の深層学習に使われるディープニューラルネットワークは階層構造を持ち、入力層から出力層へ徐々に伝播する方式をとっています。一方、ホップフィールド模型では、ランダムに一つのニューロンを取り出し、そこだけをルール (10.1.1) で更新します。次にまたランダムに取り出し、という操作を繰り返すのです。これは、実際の脳の中では更新が時間的に完全に同期しているのではない、という考え方に基づいています。したがって、層を伝播していくものではないと考えます[2]。

また、これに関連して、ホップフィールド模型では

$$J_{ij} = J_{ji} \tag{10.1.3}$$

を仮定します。実際の脳内のニューロンの結合とは異なり、ニューロン間の結合は双方向的であると仮定するわけです。このため、スピン系との類似が強調されます。

さて、スピングラスとの関係を見るために、以下のように自由度の再定義を行います。

★2……ホップフィールド模型の一種がボルツマンマシンとなり、層内の結合を許さないボルツマンマシンを制限ボルツマンマシン (restricted Boltzmann machine; RBM) と呼びます。第 6 章を参照してください。

$$S_i \equiv 2s_i - 1 \tag{10.1.4}$$

すると、$S_i = \pm 1$ はスピンの上向きと下向きを表せることになります[★3]。さらに、仮想的な $N+1$ 個目のスピンを導入しそれが $S_{N+1} = +1$ のみをとるようなものであるとします。すると、更新のルール (10.1.1) は

$$S_i \to S_i' \equiv \mathrm{sgn}\left(\sum_{i=1}^{N+1} J_{ij} S_j\right) \tag{10.1.5}$$

というきれいな形にまとまります。ここで、

$$J_{i,N+1} = J_{N+1,i} \equiv \sum_{j=1}^{N} J_{ij} - 2h_i \tag{10.1.6}$$

と定義しました[★4]。また、$\mathrm{sgn}(x)$ は符号関数で

$$\theta(x) = \begin{cases} 1 & (x > 0) \\ -1 & (x \le 0) \end{cases} \tag{10.1.7}$$

と定義されます。$x \neq 0$ では $\mathrm{sgn}(x) = x/|x|$ と書けることを覚えておくと便利です。

では、ルール (10.1.1) を用いると、スピン全体はどのような挙動を示すのかを考えましょう。スピン系ではポテンシャルエネルギー（スピン間の相互作用エネルギー）となる、基本的な次の関数を定義します。

[★3]……ちょうど量子スピン系ではスピン 1/2 のとりうる状態とも考えることができますが、ここでは古典系のみを取り扱います。

[★4]……自己結合 $J_{N+1,N+1}$ を十分大きな正の量ととっておけば、更新で $S_{N+1} = +1$ が保存されます。

$$E \equiv -\frac{1}{2} \sum_{i,j} J_{ij} S_i S_j \tag{10.1.8}$$

以下のように、この関数は**リャプノフ関数**であることを示すことができます。リャプノフ関数とは、その関数が発展方程式の下で単調に変化する関数のことを言います。リャプノフ関数は、力学系の平衡点の安定性を知るために利用される関数で、物理的にはその系のエネルギーのようなものに相当すると考えればよいでしょう。ルールの下で E の変化は

$$\Delta E = -\sum_{i,j} J_{ij} S_j \Delta S_i \tag{10.1.9}$$

となりますが、ここで $\Delta S_i = (+1) - (-1) = 2$ の場合は $\sum_{i,j} J_{ij} S_j > 0$ となるためその寄与は $\Delta E < 0$ となり、また $\Delta S_i = (-1) - (+1) = -2$ の場合は $\sum_{i,j} J_{ij} S_j < 0$ となるため、再び寄与が負、すなわち $\Delta E < 0$ となります。$\Delta S_i = 0$ の場合は、その寄与は ΔE には効きません。したがって、

$$\Delta E \leq 0 \tag{10.1.10}$$

を示すことができました。すなわち E は不変もしくは単調減少であり、リャプノフ関数の性質を満たしているということです。

　関数 E がエネルギーの役割を果たす、という意味は、エネルギーが下がる方向へ系は進行する、という広い意味で捉えることにしましょう[5]。この意味で、ホップフィールド模型は多体スピン系のポテンシャルエネルギー部分と類似しています。実際、ホップフィールド模型は、第 6 章で解説したボルツマンマシンが作られた元となっています。

---

[5]......時間並進不変なハミルトニアンを持つ場合はエネルギーは保存してしまいますので、その意味ではリャプノフ関数はエネルギーに相当しないとも言えます。しかし例えば、そのハミルトン系が外部の熱浴と接しており、熱浴の温度が低ければ、エネルギーは単調に下がっていきます。

ポテンシャルエネルギー (10.1.9) を最小もしくは極小にするスピン配位はどんなものでしょうか？ 一般の J_{ij} を考えると、大変多くの配位が極小を実現することがわかります。このような系をスピングラスと呼んでいます。例えば、1 次元の線上にスピンが等間隔で並び、隣同士のスピンのみが $J_{i,i+1} = J(> 0)$ の結合を持っている場合、実現される最低エネルギー状態は強磁性、つまり $S_i = +1$ のみとなります。この場合は、縮退はありません。一方で、例えば、三つのスピンのみを考えるとして、$J_{12} = J_{13} = -J_{23} = J(> 0)$ のような場合には、最低エネルギー状態は六つのパターンがあり、6 重に縮退します。三つのスピンが三すくみのような状態となり、どれかの結合エネルギーを下げようとするとどれかが上がるようになってしまうのです。このような状態が実現される系を「フラストレーションがある」系と呼びます。J として一般の結合を許し、値も正負の一般的な値をとりうる場合は、フラストレーションが現れます。

つまり、ホップフィールド模型で各ニューロンの発火状態がルール (10.1.1) に従って発展するとき、最終的に到達する状態は、縮退がかなり大きく、様々な状態に到達するということになります。

10.2　記憶とアトラクター

ホップフィールド模型では、「記憶」とは、スピンのとる値の集合 $\{S_i = a_i\}$ のことを言います。記憶の情報は**シナプス** J_{ij} に保持されます。あとで議論するようなある機構により、シナプスが

$$J_{ij} = \alpha a_i a_j \tag{10.2.1}$$

という値をそれぞれとったと仮定します $(\alpha > 0)$。このとき、まず、記憶 $\{S_i = a_i\}$ は更新のルール (10.1.1) の下で固定点になっています。

$$S'_i = \mathrm{sgn}\left(\sum_j J_{ij}a_j\right) = \mathrm{sgn}\left(\sum_j \alpha a_i a_j a_j\right) = \mathrm{sgn}\left(\alpha(N+1)a_i\right) = a_i.$$

$$(10.2.2)$$

したがってスピンの状態は、いったん $\{S_i = a_i\}$ に陥ると、そこに滞在することになります。

　ではこの状態は安定なのでしょうか。何らかの外的揺動によりそこから少し状態が変わったときに、元の固定点に戻るのでしょうか。先ほどのリャプノフ関数 (10.1.9) を評価してみましょう。

$$E = -\frac{\alpha}{2}\sum_{ij} a_i a_i a_j a_j = -\frac{\alpha}{2}(N+1)^2. \qquad (10.2.3)$$

これは非常に大きな負の値をとっています。実際、$\mathcal{O}(N^2)$ の値は、リャプノフ関数のとりうる最大の振れ幅であり、大変深い谷の底にある記憶 $\{S_i = a_i\}$ は、安定な不動点であると考えられます。すなわち、任意の発火状態から出発した場合、ルール (10.1.1) に従って状態は更新されていき、ついには安定な不動点 $\{S_i = a_i\}$ に到達して動かなくなります。このような固定点を、力学系の観点では**アトラクター**と呼びます。アトラクターに到達することが、「思い出す」機構であると解釈するのです。

　重要な記憶においてはリャプノフ関数がより深い谷に落ち込んでいる必要がありますが、一方で、フラストレーションが常に存在するため、浅い谷が多数存在します。そのような浅い谷に引っかかったとしても、様々な外的揺動により、最終的には深い谷に落ち込むことが期待されます。

　もちろん、記憶するべきパターンは多く、たった一つのパターン $\{S_i = a_i\}$ だけではありません。そこで、M 種類のパターン $\{S_i = a_i^{(m)}\}$ $(m = 1, 2, \cdots, M)$ を記憶させたい場合を考えましょう。このとき適切な結合は

$$J_{ij} = \frac{\alpha}{M}\sum_m a_i^{(m)} a_j^{(m)} \qquad (10.2.4)$$

であり、特に記憶のパターンは互いに直交していると仮定します。

$$\sum_i a_i^{(m)} a_i^{(n)} = (N+1)\delta_{m,n}. \tag{10.2.5}$$

すると以前と同様に、それぞれの記憶 $\{S_i = a_i^{(m)}\}$ が更新ルール (10.1.1) の下で固定点となっていることがわかります。

$$\begin{aligned}
S_i' &= \operatorname{sgn}\left(\sum_j J_{ij} a_j^{(m)}\right) \\
&= \operatorname{sgn}\left(\sum_n \sum_j \frac{\alpha}{M} a_i^{(n)} a_j^{(n)} a_j^{(m)}\right) \\
&= \operatorname{sgn}\left(\frac{\alpha(N+1)}{M} a_i^{(m)}\right) \\
&= a_i^{(m)}. \tag{10.2.6}
\end{aligned}$$

ここで、記憶の直交条件 (10.2.5) を用いました。また、リャプノフ関数 (10.1.9) を記憶 $\{S_i = a_i^{(m)}\}$ について評価すると

$$E = -\frac{\alpha}{2M} \sum_{i,j} \left(\sum_n a_i^{(n)} a_j^{(n)}\right) a_i^{(m)} a_j^{(m)} = -\frac{\alpha}{2M}(N+1)^2 \tag{10.2.7}$$

となり、やはりそれぞれが $\mathcal{O}(N^2)$ の深い谷となっています。

　任意の初期条件から更新を始めると、最終的には「近くの」深い谷に到達することが予想されます。これが、近い現象を知覚したときに過去の記憶が呼び覚まされるという機構になっている、と解釈できます。ここで「近い」とは、具体的にはリャプノフ関数の構造の詳細に依存するのですが、記憶の直交条件 (10.2.5) のことを考慮すると、どの程度記憶パターン $\{S_i = a_i^{(m)}\}$ との内積が大きいかに依るであろうと予想することができます。なぜなら、

リャプノフ関数の評価法が (10.2.7) のように内積になっているからです。

これまで、結合 J_{ij} が値 (10.2.1) をとったときに深い谷が実現されそれが安定な固定点として振る舞うことを見てきました。では、その値 (10.2.1) 自体は、どのように実現されるのでしょうか。教師つき機械学習では、降下法によって重みをアップデートしニューラルネットワークの学習が進みますが、ホップフィールド模型は入力と出力の相関を見るのではありません。(10.2.1) の実現は、一般に**ヘブ則** (Hebbian learning theory) と呼ばれる理論で行われると考えます。ヘブ則とは、シナプスはそれらがつなげているニューロンが両方発火している際に強められる、というルールです。また、放っておくと減衰します。この考えから、例えば

$$\mu \frac{d}{dt} J_{ij}(t) = -J_{ij}(t) + \alpha a_i a_j \qquad (10.2.8)$$

のような方程式が期待されます。右辺第 1 項は減衰項です。右辺第 2 項が、シナプスをつなげている両端の状態に依存した強化項です。外部から、記憶パターン $\{S_i = a_i^{(m)}\}$ がある程度長い時間入力されている際に、J がこのような方程式に則って変更されると考えます。方程式は指数的に (10.2.1) に収束するように書かれているため、強化項の形によって、適切な重みが実現されます。

10.3　同期と階層化

ランダムに選ばれたスピンのみをルール (10.1.1) に従って更新していく形は、多層ニューラルネットの形とは類似していません。しかし、同時にすべてのスピンを更新していく形にホップフィールド模型を変形すると、階層構造を取り込むことが可能になります。

すべてのスピンの状態を一度に更新するので、その同期された更新のステップ数を n でラベルすることにします。

$$S_i(n) \to S_i(n+1) \equiv \mathrm{sgn}\left(\sum_{i=1}^{N+1} J_{ij} S_j(n)\right) \tag{10.3.1}$$

このとき、リャプノフ関数として

$$E(n) \equiv -\frac{1}{2} \sum_{ij} J_{ij} S_i(n+1) S_j(n) \tag{10.3.2}$$

を考えるとよいことが知られています。実際、$E(n)$ がどのように更新で変化するかを示す量

$$\Delta E(n) \equiv E(n+1) - E(n) \tag{10.3.3}$$

を定義すると、以下のように、この量は常に負またはゼロであることを示すことができます。まず $\Delta E(n)$ を次のように変形しましょう。

$$\begin{aligned}
\Delta E(n) &= -\frac{1}{2} \sum_{ij} J_{ij} \left(S_i(n+2) - S_i(n)\right) S_j(n+1) \\
&= -\frac{1}{2} \sum_i \left(S_i(n+2) - S_i(n)\right) \sum_j J_{ij} S_j(n+1) \\
&= -\frac{1}{2} \sum_i \left(S_i(n+2) - S_i(n)\right) \frac{S_i(n+2)}{\left|\sum_j J_{ij} S_j(n+1)\right|} \quad (10.3.4)
\end{aligned}$$

最終行へは、$\mathrm{sgn}(x) = x/|x|$ であることを用いました。この最終行において、

$$\left(S_i(n+2) - S_i(n)\right) S_i(n+2) = \quad 0 \quad \text{or} \quad 2 \tag{10.3.5}$$

であることを用いると、期待通り

$$\Delta E(n) \leq 0 \tag{10.3.6}$$

であることが証明されました。すなわち、$E(n)$ はリャプノフ関数となっており、系の更新で $E(n)$ がより小さくなる方へと進むことが示されました。

J_{ij} が (10.2.1) を満たす際には、固定点が $\{S_i = a_i\}$ となることは、以前と同じ論理で示すことができます。この固定点において $E(n)$ は $\mathcal{O}(N^2)$ の値をとりますので、アトラクターとなります。同期しない場合と異なるのは、リャプノフ関数の違いにより、アトラクターの挙動として 2 種類が許されることです。第 1 の種類は従来の固定点と同じですが、第 2 の種類として

$$S_i(n+2) = S_i(n) \tag{10.3.7}$$

を満たすものがありえます。この条件式は $\Delta E(n) = 0$ をもたらすため安定な軌道を生みます。力学系において、このようなサイクルを**リミットサイクル**と呼びます。つまり、通常の固定点に加え、周期 2 のリミットサイクルが安定な軌道として許される、という結論になります。

さて、以上のように同期的なホップフィールド模型は、階層的なネットワークの形に書き直すことができます。すなわち、更新のラベル n を層のラベルだと考え直すことで、ホップフィールド模型を任意の層数だけコピーしてしまうのです。アトラクターを複数用意すれば、分類用のニューラルネットワークになります。

一方、通常の深層ニューラルネットワークと異なる点が、大きく二つあります。第 1 に、J_{ij} が添え字について対称である上にそれぞれの層で違いがなく共通になっていることです。その意味で、疎なネットワークということもできます。第 2 に、学習の方法が全く違うことです。これらの違いは、目的に応じた学習方法の違いとも捉えることができるでしょう。

この章で見てきたホップフィールド模型は、歴史的にはその後ボルツマンマシン（第 6 章参照）などにつながるニューラルネットワークの原始的

な模型ですが、スピングラスの典型的な性質と深くつながっていることを認識しておくべきでしょう。物理と機械学習の関係を議論するとき、学習させたい対象は何なのかを知ることと同時に、ニューラルネットワーク自体の物理的な解釈が重要になります。物理学のうち多体系を取り扱う物性物理学において、スピン模型は基礎的な位置にあり、様々なスピン模型が多様な物理現象や層構造を支配しています。この観点から、スピングラスに類似したホップフィールド模型は、これからの物理と機械学習の発展において、起点となるものであると考えられます。

第11章

量子多体系、テンソルネットワークとニューラルネットワーク

　物理はミクロには量子系であり、孤立量子系はすべて波動関数で支配されています。例えば簡単のために温度がゼロである状況を考えることとすると、系のハミルトニアンが与えられたときにその最低エネルギー状態（基底状態）で量子相が決定されるため、波動関数を具体的に得ることは、量子系を特徴づけるために最も重要なことの一つとなります。

　量子多体系の状態からなる**ヒルベルト空間**は、膨大な組み合わせ的可能性をはらみます。例えば**量子ビット**が N ある系を考えましょう。量子ビットとは、$|0\rangle$ と $|1\rangle$ の2状態を持つ系であり、量子力学的にはスピンが $1/2$ である系と同じです。この場合ヒルベルト空間は 2^N 次元となりますので、自由度の数に対して指数関数的に状態の種類が増えていきます。量子多体系の基底状態を求める問題は、この広いヒルベルト空間からたった一つの状態を選び出す作業であるため、「物理的センス」が必要となります。そこで、機械学習的な手法が登場します。

　いままで、ヒルベルト空間の中で比較的少数のパラメータだけで記述される状態のみを考慮して、それらがなす部分空間の中でエネルギーを最小化させる方法が発展してきました。特に効率よく部分空間を構成する方法

をテンソルネットワークと呼びます[★1]。テンソルネットワークには、その物理的な意味づけや対象に応じて様々な種類が存在します。一方、本書では様々なニューラルネットワークとその使用法を学んできました。ニューラルネットワークの万能近似定理（第3章を参照）によれば、十分ユニット数を増やせばあらゆる関数を近似することができるため、量子状態を構築する方法として使用することができる可能性があります。

以下では、このような話題について文献 [135] で提案された方法とその結果を紹介するとともに、テンソルネットワークとニューラルネットワークの違いについても見ていくことにします。

11.1　波動関数をニューラルネットで

まずは、量子系の**波動関数**がニューラルネットワークでどのように表現できるかを考えましょう。そもそも波動関数とは、N 量子ビットの系ならば

$$|\psi\rangle = \sum_{s_1,\cdots,s_N} \psi(s_1,\cdots,s_N)|s_1\rangle\cdots|s_N\rangle \tag{11.1.1}$$

と書かれる状態 $|\psi\rangle$ における、係数 $\psi(s_1,\cdots,s_N)$ のことです。ここで、$s_a = 0,1$ は量子ビットの基底であり、ψ はそれを変数とする複素関数です。すなわち、$(s_1,\cdots,s_N)=(0,0,1,0,1,\cdots)$ といった入力が与えられたとき、$\psi(0,0,1,0,1,\cdots)$ という複素数値の出力を吐き出すような非線形関数 ψ が、量子状態を決めているわけです。この非線形関数が、系のエネルギー

$$E = \frac{\langle\psi|H|\psi\rangle}{\langle\psi|\psi\rangle} \tag{11.1.2}$$

[★1]……テンソルネットワークは、空間的に配置された物理的なネットワークではなく、それぞれのスピンなどが互いにどのように絡み合っているかを指定するグラフのことです。

224 / 第 11 章 / 量子多体系、テンソルネットワークとニューラルネットワーク

が最も小さくなるように決められたとき、その状態を**基底状態**と呼んでいるわけです。

したがって、機械学習としてこの問題を捉えなおすと、非線形関数 ψ をニューラルネットワークで表示し、誤差関数を系のエネルギー E と考えることになります。すなわち、これは教師つき学習ではありません。教師つき機械学習では、入力と出力の正しい組み合わせが存在し、入力が与えられたときに正しい出力を出す関数になるように学習を行うため、誤差関数は、正しい出力との差で定義されます。一方、基底状態の波動関数を求める問題は、誤差関数として系のエネルギーを採用し、エネルギーが小さくなるように波動関数を学習させていきます。

それでは、文献 [135] に従って、**制限ボルツマンマシン**による波動関数の表現を考えていきましょう。制限ボルツマンマシンとは、第 6 章で見たように、隠れ層のユニットと入力ユニットの関係がスピンハミルトニアンのように与えられたときに、出力としてボルツマン重み因子を出すものです。隠れ層のユニット値を $h_1, \cdots, h_M$ とすると、出力は

$$\psi(s_1, \cdots, s_N) = \sum_{h_A} \exp\left[\sum_a a_a s_a + \sum_A b_A h_A + \sum_{a,A} J_{aA} s_a h_A\right]$$

(11.1.3)

となります。指数の肩に乗っている部分は、ボルツマン因子を出すための**ハミルトニアン**ですが、このハミルトニアンは、今考えている量子系のハミルトニアンとは全く関係ないことに注意しましょう。a_a や b_A はバイアスで、J_{aA} がニューラルネットワークの重みです。和 $\sum_{h_A}$ を実行することはできて、

$$\psi(s_1, \cdots, s_N) = e^{\sum_a a_a s_a} \prod_{A=1}^M 2\cosh\left[b_A + \sum_a J_{aA} s_a\right]$$

(11.1.4)

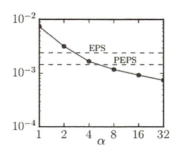

図 11.1 文献 [135] による、2 次元反強磁性ハイゼンベルグ模型のエネルギー。EPS、PEPS はそれぞれ、従来のテンソルネットワークで書かれた波動関数でエネルギーを最小化したもの。α は隠れユニットの数を表します。隠れユニットが増えるほど、エネルギーが下がり、真の基底状態に近づいていることを示しています。

となります。この表式を元に、バイアス a_a, b_A と重み J_{aA} をアップデートして、系のエネルギー (11.1.2) を下げていきます。アップデートの方法は、以前の教師あり学習の場合と同じです。

それでは、実際の適用例の結果を紹介しましょう。2 次元のハイゼンベルグ模型で、反強磁性のハミルトニアンを持つ系を考えます。ハミルトニアンは、スピン演算子を $\hat{\sigma}^x, \hat{\sigma}^y, \hat{\sigma}^z$ として

$$\mathcal{H} = \sum_{\langle a,b \rangle} [\hat{\sigma}^x_a \hat{\sigma}^x_b + \hat{\sigma}^y_a \hat{\sigma}^y_b + \hat{\sigma}^z_a \hat{\sigma}^z_b] \tag{11.1.5}$$

となっており、$\langle a, b \rangle$ は 10×10 の周期的正方格子上の隣り合う二つの格子点を表します。この系において、制限ボルツマンマシンを用いた波動関数で重みとバイアスのアップデートを行うと、学習の後、低いエネルギーの波動関数が求まります。文献 [135] によると、**図 11.1** のように、結果は従来の手法で得られた波動関数の最適化によるエネルギーの値(「EPS」や「PEPS」と書かれた点線で与えられています)よりも小さいエネルギーをニューラルネットワーク波動関数が与えており、隠れユニットの数 α が多ければ多いほど改善することがわかります。

226／第 11 章／量子多体系、テンソルネットワークとニューラルネットワーク

11.2　テンソルネットワークとニューラルネットワーク

テンソルネットワークは量子多体系の波動関数を効率的に表す方法、すなわちヒルベルト空間の中で部分空間を構築する方法を与えています。そこで、ニューラルネットワークとの関係をここでは議論しましょう。

11.2.1　テンソルネットワーク

最も簡単なテンソルネットワークで表示された状態は、$N = 2$ の場合で

$$\sum_{i,j=0,1} A_{ij} |i\rangle |j\rangle \tag{11.2.1}$$

です。ここで $i, j = 0, 1$ はスピンの添字であり、A_{ij} が**テンソル**と呼ばれます。テンソル A は $2 \times 2 = 4$ 成分を持つので、複素 4 成分の自由度を持っています。以下では、アインシュタインの規約[★2]を採用して $\sum$ の記号を省略することにします。次に、以下のような $N = 4$ の状態を考えてみましょう。

$$B_{mn} A_{mij} A_{nkl} |i\rangle |j\rangle |k\rangle |l\rangle \tag{11.2.2}$$

テンソル A には三つの添え字があり、テンソル B には二つの添え字があります。それらが m, n という添字で結合しています。$N = 2$ の例 (11.2.1) では、ヒルベルト空間のすべてをテンソルのパラメータ A が表すことができますが、$N = 4$ の例 (11.2.2) では、それは不可能です。なぜなら、$N = 4$ の場合は $2^4 = 16$ 個の複素数でヒルベルト空間全体が張られますが、テンソルの自由度は A が $2^3 = 8$、B が $2^2 = 4$ で、合わせても 12 に

[★2]……アインシュタインの規約とは、複数回出てくる添字は和をとるという了解のことです。

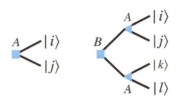

図 11.2 テンソルネットワークで表現された量子状態 (11.2.1) と (11.2.2)。

しかなりません。すなわち、ヒルベルト空間の部分空間をパラメータ表示しているのです。

　テンソル A や B による波動関数をグラフで表すことが標準的です。添字の数だけテンソルから足が生えたような記法を用います (**図 11.2**)。ニューラルネットワークの記法と似ていますが、以下のような意味で、線の意味が全く違うことに注意しましょう。テンソルネットワークでは、テンソルが四角や三角、丸で表されています。そこから伸びる線は、添字 $i = 0, 1$ の意味になっており、線が入力や出力です。添字が三つあるテンソルには三本の足がありますから、三本のうちいくつかが入力で残りの線が出力です。その一方でニューラルネットワークは、線が「重み W をかける」という意味を持っており、それはテンソルネットワークではテンソルの役目です。また、ニューラルネットワークではユニットである丸印が入力や出力の意味を持っており、テンソルネットワークではそれはテンソル（重みをかける役割）です。したがって、線と丸の意味が、テンソルネットワークとニューラルネットワークで逆になっているのです。

11.2.2　制限ボルツマンマシンのテンソルネットワーク表現

　それでは、制限ボルツマンマシンとテンソルネットワークの間の関係を見てみましょう [136]。**制限ボルツマンマシン**を与えるニューラルネットワークのグラフにおいて、可視ユニット s_a と隠れユニット h_A を結ぶ線ご

とに 2×2 行列

$$
M_{ss'}^{(aA)} \equiv \begin{pmatrix} 1 & 1 \\ 1 & \exp[J_{aA}] \end{pmatrix}_{ss'}
\tag{11.2.3}
$$

を付与し、そしてユニットと線の接合部に 2×2 行列

$$
\Lambda_{ss'}^{(a)} \equiv \begin{pmatrix} 1 & 0 \\ 0 & \exp[a_a] \end{pmatrix}_{ss'}, \quad \tilde{\Lambda}_{ss'}^{(A)} \equiv \begin{pmatrix} 1 & 0 \\ 0 & \exp[b_A] \end{pmatrix}_{ss'}
\tag{11.2.4}
$$

を付与することにします。この規則で、すべての制限ボルツマンマシンが
テンソルネットワークとして解釈できます。

　例えば、可視ユニットが一つ、隠れユニットが一つ、それらが一本の線
でつながっているという最も単純な制限ボルツマンマシンを考えます（**図
11.3** 左）。上記の規則によると、

$$
\tilde{\Lambda}^{(a=1)} M^{(1,1)} \Lambda^{(A=1)} = \begin{pmatrix} 1 & e^{a_1} \\ e^{b_1} & e^{a_1+b_1+J_{11}} \end{pmatrix}
\tag{11.2.5}
$$

となりますが、この行列の成分はそれぞれ、$(s, h) = (0, 0), (0, 1), (1, 0), (1, 1)$
を代入した制限ボルツマンマシンの重みと一致しています。隠れユニット
について和をとるには

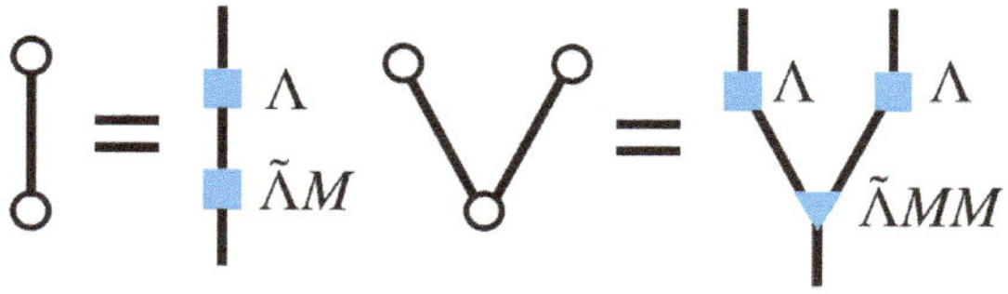

図 **11.3**　制限ボルツマンマシンのテンソルネットワーク表示。

$$\psi(s) = \left[(1,1)\, \tilde{\Lambda}^{(1)} M^{(1,1)} \Lambda^{(1)} \right]_s \tag{11.2.6}$$

のようにベクトル $(1,1)$ との積をとればよく、これは $(11.1.3)$ に一致します。表現 $(11.2.5)$ は、制限ボルツマンマシンを行列の積で表しており、最終的な行列積の成分がユニットの成分を表すので、まさにテンソルネットワークでの表現となります。

もう少し複雑な例を考えてみましょう。図 11.3 右のような制限ボルツマンマシンを考えます。規則に従うと

$$\tilde{\Lambda}_{st}^{(A=1)} M_{tt'}^{(a=1,A=1)} M_{tt''}^{(a=2,A=1)} \Lambda_{t's'}^{(a=1)} \Lambda_{t''s''}^{(a=2)} \tag{11.2.7}$$

のように行列 M が二つ（＝線の本数）、行列 $\Lambda, \tilde{\Lambda}$ が三つ（＝ユニットの数）だけ掛け合わさります。ここで注意すべきは、添え字 t が三回登場しているということで、上記の表現は $\sum_t$ が省略されています。三回登場する添字の和は行列の掛け算では表現できません。そこで

$$\tilde{M}_{st't''} \equiv \tilde{\Lambda}_{st}^{(A=1)} M_{tt'}^{(a=1,A=1)} M_{tt''}^{(a=2,A=1)} \tag{11.2.8}$$

と定義すると見通しが良いことがわかります。新たに導入された記法 $\tilde{M}$ は添字を三つ持ち、三本足のテンソルに対応しています。したがって再び、この制限ボルツマンマシンはテンソルネットワークでの表現を持つことがわかりました。図 11.3 右を見ると、テンソルネットワーク表現が与えられています。

このように、制限ボルツマンマシンはテンソル表現を許しますが、一方で、一般のテンソルネットワークはニューラルネットワークで表されるのでしょうか。実際はテンソルネットワークで構成されるあらゆる状態（すなわち量子回路で表現できるあらゆる状態）は、ディープボルツマンマシ

ンで表現できることが証明されています [137]★3。したがって、物性物理学で多用されるテンソルネットワークは、ボルツマンマシンの意味での機械学習によく適合するのです。この観点から、様々な研究が進んでいます。

一方で、ボルツマンマシンではなくフィードフォワード型（情報が一方向に流れる形）のニューラルネットワークではどうでしょうか。第3章で見たようにフィードフォワードニューラルネットワークには万能近似定理があるため、十分にユニット数が多ければあらゆる非線形関数を表現できますから、その意味ではテンソルネットワークも含まれることでしょう。しかし、与えられたテンソルネットワークを表現するニューラルネットワークを構築することには、以下で述べるような困難が存在します。

まず、図11.3右のような場合は、テンソル B の二つの足に A がそれぞれつながっており、テンソルネットワークの状態としては A 二つの掛け算になります。一般にテンソルは掛け算で組み合わさり、それが非線形性を生み出しますが、一方、フィードフォワード型のニューラルネットワークはそのようになっておらず、ユニットごとに活性化関数が作用する形で非線形性を生み出します。この違いを埋めるためには、掛け算の形の活性化関数を用いる必要があります★4。

このような新しい活性化関数を用いてニューラルネットワーク表示できるテンソルネットワークは、ツリーグラフです。ツリーではなく内部にループを持つグラフのテンソルネットワーク（それには MERA★5 と呼ばれるものも含まれます）は、フィードフォワード型では表現が困難です。なぜなら、ループグラフは中間層で二つ以上の出力を持つことになるため、それらにさらにつながるテンソルが並列の形で現れますが（テンソル積構造）、フィードフォワードでは並列に並んだテンソルを再結合する際にどちらかを優先した表示しかできず、テンソルの並列性を阻害してしまうからです。

以上のように、テンソルネットワークはニューラルネットワークと異な

★3……これらの間のパラメータの数の関係も議論されています [138]。
★4……product pooling と呼ばれるものを用いて対応を見る研究 [139] もあります。
★5……MERA は multi-scale entanglement renormalization ansatz の略語です。

る点も多いのですが、それぞれに利点があり、また共通する概念を通して行き来できます。第10章でも解説されたように、もともとニューラルネットワークはホップフィールド模型などの物理的な多体系に起源を持っているため、物理系との相性は大変よく、今後も量子多体系と機械学習は多様な形で研究が進むことが期待されます。

第12章

超弦理論への応用

　超弦理論 (superstring theory) は、重力の量子論として、宇宙にあるすべての相互作用を統一的に記述できる理論として研究されてきました[1]。この章では、機械学習、特にディープラーニングの手法を、超弦理論の数理的問題に応用する例を示します。機械学習の手法を本格的に物理学に応用する研究は、歴史があるにもかかわらず、多様な研究が開けてきたのはごく最近のことです。この章の内容は主に、著者と杉下宗太郎氏との共同研究 [131, 141] に基づくものですが、その他にも多彩な研究が行われており、今後の研究の進展が期待されます。

　以下ではまず、超弦理論における逆問題のうち二つを、数式を使わずに大きな立場から、その概略を述べましょう。次に、ホログラフィー原理における逆問題を解く方法の一つとして、ディープニューラルネットワークを時空とみなす方法について、解説します。

---

[1]······超弦理論の入門書として、専門書ではない読み物に [140] があります。

12.1　超弦理論における逆問題

　重力の量子化を可能にする超弦理論がもたらす数理的な成果として、二つの大きな特徴があります。一つ目は、時空次元が 10 次元であるという制約であり、もう一つは、様々なゲージ対称性とその下で変換する素粒子群をもたらすということです。この二つの特徴から、超弦理論の研究は大きく進展してきたと言っても過言ではないでしょう。以下では、これらに関して、超弦理論において重要な逆問題が二種類存在していることを述べます。コンパクト化という逆問題、そして、ホログラフィー原理という逆問題です[★2]。

12.1.1　コンパクト化という逆問題

　第一の制約と第二の点は関連しています。我々の宇宙の時空次元は 4 ですので、もともと 10 次元時空であったとすると、そのうち 6 次元空間はとても小さくコンパクトな空間となっていることが必要です。その空間として、一般的にはカラビ・ヤウ多様体 (Calabi-Yau manifold) と呼ばれるものを採用すれば、結果として現れる 4 次元時空の理論は、我々のよく知る素粒子論に近くなることが知られています。この際、カラビ・ヤウ多様体にもたくさんの種類があり、そのどれもが、摂動的な超弦理論では数学的に許されています。ある一つのカラビ・ヤウ多様体を 6 次元のコンパクトな内部空間として採用すれば、それに従って、残りの 4 次元時空の素粒子の種類や数、対称性が決まります。

　この意味で、超弦理論は様々な可能性を残します。たった一つの 4 次元時空における素粒子模型を導出するのではなく、大変多くの種類の素粒子模型を導出します。カラビ・ヤウ多様体の種類が有限個であるので、数学的には模型の数は有限ではありますが、数は非常に多いのです。もちろん、

[★2]……二種類はお互いに関連しているのですが、それは超弦理論の専門的な部分に踏み込みすぎるので、ここではそれぞれの概要を記述するにとどめておきます。

234 / 第 12 章 / 超弦理論への応用

重力を含まない場の量子論で矛盾のないものは、種類としても無限種類ありますので、その意味で超弦理論は場の量子論に制約を与えています。ただ、その制約は非常に厳しいものではなく、多様な素粒子模型が許されているのです★3。

したがって、超弦理論を我々の宇宙を記述する理論であると考えるなら、より、素粒子の標準模型に近い 4 次元模型を導くようなカラビ・ヤウ多様体を見つけることが必要です。今までのところ、素粒子の標準模型の内容に近い物質素粒子構成と対称性をもたらすようなカラビ・ヤウ多様体がいくつも知られています。しかし、全体がサーチされたわけではありません。

また、超弦理論から 4 次元時空の素粒子模型を導く場合、カラビ・ヤウ多様体の選び方だけが問題になるわけでもありません。例えば、弦が端を置くことができる D ブレーン (D-brane)★4 と呼ばれる物体を、超弦理論には導入することができます。様々な次元の D ブレーンが考えられ、それらを 10 次元時空内に置くことで、様々な対称性を実現することができます。うまい組み合わせの D ブレーンを置くことで、素粒子の標準模型の対称性や物質素粒子構成を再現することができます。このように 4 次元時空の素粒子模型（や場の量子論）を超弦理論の D ブレーンを組み合わせて作ることを、一般にブレーン構成 (brane construction) と呼びますが、いままで、発見法的に様々な手法が組み合わされて 4 次元時空の素粒子模型が作り上げられてきました。

現在では、10 次元からのカラビ・ヤウ多様体によるコンパクト化を用いた構成、そして D ブレーンを組み合わせる構成、がおよそ一体となった、F 理論のコンパクト化と呼ばれる手法が開発されています。F 理論は 12 次元時空で定義され、その 2 次元コンパクト化で、IIB 型超弦理論が再現さ

★3……もちろん、今後の超弦理論の研究の進展により、さらにこの制限が厳しいことが判明する可能性があります。これには、二つの理由があります。第一に、重力の量子論としての超弦理論がよく判明している領域は、摂動論的な描像が成り立つ、すなわち弦の結合定数が小さい場合であり、非摂動的な性質がわかってくれば、より強い制限が課される可能性があります。第二に、量子重力理論がかならず超弦理論であるとは限りません。後述の AdS/CFT 対応では、より広く量子重力理論が定義され、その意味で超弦理論は拡張されています。

★4……D ブレーンについての初歩的な解説として [140] を参照してください。

れる理論です。8次元コンパクト化を行うと、残りの4次元時空で素粒子模型を生み出します。8次元コンパクト空間としては、複素4次元のカラビ・ヤウ多様体を採用します。この立場では、複素4次元カラビ・ヤウ多様体の種類が決まれば、4次元時空の素粒子模型が決まるので、カラビ・ヤウ多様体の種類を精査する必要があります。

ここまでお読みになればおわかりの通り、素粒子の標準模型を超弦理論から導出するという問題は、逆問題になっています。超弦理論のコンパクト化に必要な多様体を、素粒子の標準模型になるように選びなさい、という問題です。この問題では、カラビ・ヤウ多様体がよくわかっていない（例えば、その多様体の上のメトリックを知ることすら難しい）、ということが困難の一つとなっています。コンパクト空間の探査について、逆問題に有効な機械学習が利用し始められています [142, 143]。

12.1.2　ホログラフィー原理という逆問題

この20年間の超弦理論の研究の進展を担ったのは、**AdS/CFT対応**です。マルダセナ (J. Maldacena) によって1997年に発見されたAdS/CFT対応 [144–146] は、もともとトフーフト (G. 't Hooft) が、重力の量子論において**ホログラフィー原理**を提唱し、それがサスキント (L. Susskind) によって一般化され [147]、そのホログラフィー原理の具体例として位置付けられるものです。

ホログラフィー原理とは、重力を含むある量子論が、それより次元の低い時空で定義された、重力を含まないある場の量子論と等価であるという原理です。マルダセナが最初に与えた例は、$AdS_5 \times S^5$、すなわち5次元**反ドシッター時空**と5次元球面、の上のIIB型超弦理論と、平坦な4次元時空の上の$\mathcal{N} = 4$超対称ヤン・ミルズ (Yang-Mills) 理論との等価性でした。Dブレーンを導入した10次元の超弦理論において特殊な極限を考えると示唆されるこの二つの理論の等価性は、前者が量子重力理論、後者が重力を含まない低次元の場の量子論、となっており、ホログラフィー原理の具体例となったのです。一般に、前者を「重力側」もしくは「AdS側」、

後者を「CFT 側」もしくは「境界側」「ゲージ側」などと呼びます。CFT というのは conformal field theory（共形場理論）の略で、共形変換で不変な場の量子論のことです。さきほどの $\mathcal{N} = 4$ 超対称ヤン・ミルズ理論は、CFT の一例になっています。

　マルダセナによる最初の例において、重力側は量子重力理論（すなわち超弦理論）なのですが、それが古典極限であり、かつ、エネルギーが低い領域がよく考察されます。これは、その領域では量子重力理論が古典的なアインシュタイン理論（を高次元にし超対称化したもの）となるので、ラグランジアンなどがよく知られていて、取り扱いやすいからです。重力側でそのような極限をとることは、CFT 側では、考えているヤン・ミルズ理論において、次の二つの極限をとることと等価になっていることが知られています。まずラージ N 極限が必要です。このときの N は、ヤン・ミルズ理論のゲージ対称性 $SU(N)$ を示しています。N を無限大にとることで、重力側が古典化します（量子効果を無視することができます）。次に、強結合極限が必要です。これはラージ λ 極限と呼ばれ、この $\lambda \equiv Ng^2$ はトフーフト結合定数と呼ばれるものです、g はヤン・ミルズ理論の結合定数です。λ を無限大にすることで、重力側では、場にかかる微分が高次の項が無視できるようになります。

　ホログラフィー原理の重要な未解決問題は二つあります。第一に、マルダセナが最初に提唱した例の証明を与えることです。第二に、境界側でどのような場の量子論が重力側の記述を許しうるのか、という条件を与えることです。これらの問題はもちろん、お互いに関連していると考えられますが、マルダセナの最初の例は超弦理論のある極限から示唆されて形式的に導かれた一方で、第二の問題は超弦理論を超えて議論されるべき問題であると認識されています。特に、第二の問題の解明が進めば、重力の量子論として超弦理論が唯一の方法であるのかどうか、などについての重要な知見が得られることになるでしょう。これらの問題の解決が困難なのは、そもそも、上記に述べたように、ゲージ理論であるヤン・ミルズ理論が強結合であるため、通常の摂動論的手法を用いることができないので、研究上のアプローチが難しいためです。

12.1 超弦理論における逆問題　　237

　このような背景の中、様々な例が構築されてきました。AdS/CFT 対応は、一般に「ゲージ・重力対応」と呼ばれます。主な初期の例は、マルダセナが提案した例に沿った導出方法や、それに変形を加えたりすることで、超弦理論から導出されました。また、そのうち、超弦理論からの導出の枠を超え、ゲージ側と重力側で期待される性質（対称性など）を共通に持つように発案された例なども多く発表されるようになりました。

　我々の知る素粒子の標準模型において、強い力を司る部分は $SU(3)$ ヤン・ミルズ理論を中核に持つ**量子色力学** (quantum chromodynamics; QCD)で書かれており、それが強結合であることによって、低エネルギーでは多様なハドロン描像が現れることが知られています。QCD を解くことは、標準模型のほころびを知る重要な部分であり、また、それ以上に、強結合の場の量子論の最もよく研究される例として、数理的な意義も大きく、多くの研究者を惹きつけています。この QCD にゲージ・重力対応を適用し、重力側で様々な計算を行うことにより、ハドロンの物理量を評価する、という一連の研究分野があります。この分野は**ホログラフィック QCD** (holographic QCD) と呼ばれています。

　QCD と等価な重力側の理論が見つかっているわけではないので、研究者は様々な重力模型を試しています。重力側で、一つ、高次元時空のメトリックとその中の様々な物質場のラグランジアンを書けば、それを元に様々な古典計算を行って、ゲージ・重力対応の辞書を用いることにより、境界側である QCD の物理量を得ることができます。では、QCD に等価な重力理論とは、何でしょうか。

　これが、逆問題の一つになっていることがおわかりになるかと思います。QCD は、そのラグランジアンが決まった一つの場の量子論であり、その物理量は広く研究されてきました。強結合であるため、容易に計算はできませんが、格子 QCD[★5] と呼ばれる分野で広く、スーパーコンピュータを用

★5......原子核内部をクォークやグルーオンのレベルで（第一原理的に）計算できる分野のことです。計算量が多いため、スーパーコンピュータを用いたマルコフ連鎖モンテカルロ法で計算が行われます。定式化自身は、統計力学と類似しています。詳しくは、[74] を参照してください。

いて数値計算により様々な物理量を評価できることが確立しています。特に、QCD に含まれる素粒子クォークの複合状態であるハドロンのスペクトル（質量の分布）は、格子 QCD のスーパーコンピューターによる計算結果が、加速器実験による測定結果と非常によく整合し、我々の世界を記述している理論が QCD であることが確証されています。このような一つの場の量子論の、重力側の記述を見つけなさい、という問題は、今までホログラフィック QCD の計算が、ほとんどすべて、重力側のラグランジアンをまず手で決めた上で古典計算しそれを QCD のハドロンの物理量だと解釈するという現在までの研究手法に対し、逆向きになっています。すなわち、逆問題なのです。

次節より、この逆問題を解く一つの方法として、深層学習を用いる方法 [131, 141] を紹介します。この方法では、QCD を解いたデータを用い、それを再現できるような重力側のメトリックを学習により決めることができます。

ゲージ・重力対応の根本問題の一つに、与えられた境界側の場の量子論に対して、重力側をどう構築するか、そもそも重力側の記述が存在するのかをどう判断するのか、という問題があり、これは QCD に限ったことではありません。近年では、エンタングルメント・エントロピーと量子情報理論に基づいた、より広いゲージ・重力対応が研究されています。「創発する重力 (emergent gravity)」という概念は広く認められつつあり、今後、逆問題がどのように解かれていくのか、期待が持たれます。

12.2　曲がった時空はニューラルネットワーク

QCD などの境界側の理論から創発する重力理論を求める、という逆問題を部分的に解くために、次のようなシンプルな設定を行います。重力理論自身を、ニューラルネットワークであるとみなすのです。

重力理論が与えられたとき、そこから境界側の場の量子論の一点関数を求めるには、単に重力側の時空（「バルク (bulk)」と呼ばれます）の上で、

微分方程式を解くだけでよいことが知られています。特に、重力側が古典的でよい場合には、古典的な微分方程式を解くことになります。境界側の場の量子論の一点関数の情報は、重力側の微分方程式の解の、境界での値に含まれています。したがって、境界側の理論から、重力側のメトリックを決める、ということは、微分方程式の解の境界での値を決められたときに、それを解として再現するような微分方程式は何か、という問題を解くことになります。これは、第7章で説明されているように、逆問題の一種になっています。

そこで、重力理論自体をニューラルネットワークであるとみなし、ニューラルネットワークの重みを重力のメトリックであるとみなすことで、学習された重みからメトリックを読み取る、と考えます。学習には、境界側の場の量子論の一点関数を用います。これが重力理論では境界での値を与えるので、ちょうど、ニューラルネットワークの入力データとして機能します。

12.2.1 曲がった時空の場の理論のニューラルネットワーク表示

それでは具体的に、重力理論をニューラルネットワークで書き直してみましょう。この意味するところは、図 9.1 と **図 12.1** を見ると明らかです。具体的な関係の構築には、第9章で導入した、様々な物理系のニューラルネットワーク表現が役に立ちます。特に、ハミルトン系の時間発展の形がニューラルネットワーク的に書けるので、ホログラフィー原理における創発した空間方向をハミルトン系の時間として捉えることで、同じように重力理論をニューラルネットワーク的に書くことができます。ニューラルネットワークとは、具体的には、

$$y(x^{(1)}) = f_i\varphi(J_{ij}^{(N-1)}\varphi(J_{jk}^{(N-2)}\cdots\varphi(J_{lm}^{(1)}x_m^{(1)}))). \qquad (12.2.1)$$

のように書かれる、入力データ $x^{(1)}$ と出力データ y の間の非線形な関係のことを指すこととします。ここで、J は重み、φ は活性化関数です。

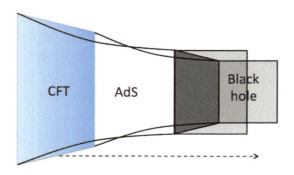

図 12.1 AdS/CFT 対応の概念図。この図と、典型的なディープニューラルネットワークの概念図（図 9.1）が同じものであると考え、逆問題を解く。

まず、$(d+1)$ 次元の曲がった時空を考えましょう。その上での重力理論を考えるのですが、ここでは簡単のため、曲がった時空上のスカラー場 ϕ の理論を考えてみます。作用は次のように与えられます：

$$S = \int d^{d+1}x \sqrt{-\det g} \left[-\frac{1}{2}(\partial_\mu \phi)^2 - \frac{1}{2}m^2\phi^2 - V(\phi) \right]. \quad (12.2.2)$$

境界側の場の量子論の時空が平坦な d 次元であり、それに加えて重力側で創発する空間の方向を η としましょう。重力側の曲がった時空のメトリックは、一般に次のように書けます。

$$ds^2 = -f(\eta)dt^2 + d\eta^2 + g(\eta)(dx_1^2 + \cdots + dx_{d-1}^2) \quad (12.2.3)$$

ここで、$f(\eta)$ や $g(\eta)$ はメトリックで、学習によって定められるはずのものです。η 方向のメトリック要素は 1 にするゲージをとりました。この時点では、$f(\eta)$ や $g(\eta)$ は不定ですが、AdS/CFT 対応が成立するために、二つの条件を満たさなければなりません。一つ目は、境界 $\eta \to \infty$ において、漸近 AdS 時空である条件で、$f \approx g \approx \exp[2\eta/R]$ $(\eta \approx \infty)$ であることを意味します。ここで R は AdS 半径です。一方、逆の境界にも条件を

定める必要があります。ここでは、境界側の場の量子論が有限温度系であると仮定すると、その結果、重力側は**ブラックホール**時空となることが期待できるので、ブラックホールの事象の地平面である条件を考えます。これは、$f \approx \eta^2, g \approx \text{const.} \, (\eta \approx 0)$ という条件式になります。

この作用 (12.2.3) から得られる、場 $\phi(\eta)$ の**運動方程式**は常微分方程式であり

$$\partial_\eta \pi + h(\eta)\pi - m^2\phi - \frac{\delta V[\phi]}{\delta \phi} = 0, \quad \pi \equiv \partial_\eta \phi, \quad (12.2.4)$$

となります。ここで、第 9 章で説明されたように、ϕ に対する共役運動量のような $\pi(\eta)$ を導入して、微分方程式が 1 階になるように変形しました。メトリック要素は、$h(\eta) \equiv \partial_\eta \log \sqrt{f(\eta)g(\eta)^{d-1}}$ のように含まれています。さらに、第 9 章で行ったように、η 方向を離散化します。

$$\phi(\eta + \Delta\eta) = \phi(\eta) + \Delta\eta \, \pi(\eta), \tag{12.2.5}$$

$$\pi(\eta + \Delta\eta) = \pi(\eta) - \Delta\eta \left(h(\eta)\pi(\eta) - m^2\phi(\eta) - \frac{\delta V(\phi)}{\delta \phi(\eta)} \right). \tag{12.2.6}$$

これが、バルクの曲がった時空内でのスカラー場 ϕ の運動方程式をニューラルネットワーク的に書いたものです。模式図を**図 12.2** に示します。特に、η 方向は $\eta^{(n)} \equiv (N-n+1)\Delta\eta$ のように離散化されているので、ニューラルネットワークの入力データは $(\phi(\infty), \pi(\infty))^\mathrm{T}$ となり、ニューラルネッ

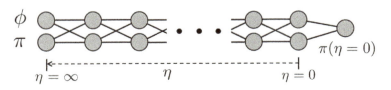

図 12.2 曲がった時空上のスカラー場の運動方程式をニューラルネットワーク表示したもの。

トワークの重み J は

$$J^{(n)} = \begin{pmatrix} 1 & \Delta\eta \\ \Delta\eta\, m^2 & 1 - \Delta\eta\, h(\eta^{(n)}) \end{pmatrix}. \tag{12.2.7}$$

という形で、その一部にメトリックの情報を含んでいると解釈されます。一部の重みは、値が 1 などに固定されていることに注意しましょう。つまり、一般には疎なネットワークに写像されています。活性化関数は (12.2.6) を再現するように次のように選ばれます:

$$\begin{cases} \varphi(x_1) = x_1, \\ \varphi(x_2) = x_2 + \Delta\eta\, \frac{\delta V(x_1)}{\delta x_1}. \end{cases} \tag{12.2.8}$$

このように、最も単純なディープニューラルネットワーク（図 12.2）を用いて、重みと活性化関数を (12.2.7) と (12.2.8) のように選べば、重力側のスカラー場の古典運動方程式を、(12.2.1) のようにニューラルネットワーク表示できました。

12.2.2　入力・出力データの選び方

　このようにバルクにおける微分方程式をニューラルネットワークとみなすと、自動的に、微分方程式の境界条件が、入力データと出力データとなります。AdS/CFT 対応の場合、漸近 AdS 領域 ($\eta \to \infty$) での微分方程式の解の振る舞いが、境界側の場の量子論の一点関数になっていることが知られているので、入力データとしてその一点関数を選ぶことができます。一方、反対側 ($\eta = 0$) での境界条件は、ブラックホールの地平面が課す境界条件をとることになります。ここで、学習とはなんでしょうか。「正しい」データが $\eta \to \infty$ の領域から入力された際に、正しく $\eta = 0$ でブラックホールの地平面の境界条件を満たすよう、ニューラルネットワークの重

み、すなわち重力メトリックを調整することです。これは、関数自由度の最適化問題であり、まさに学習です。

漸近 AdS 領域でのスカラー場の境界値と、境界側の場の量子論の一点関数の関係は、文献 [148] で定められた一般的な原理で規定されています。境界側の場の量子論の演算子を $\mathcal{O}$ とし、そのソース項として $g\mathcal{O}$ という項が場の量子論のラグランジアンに存在していたとします。ソース g が与えられると、$\mathcal{O}$ の真空期待値 $\langle\mathcal{O}\rangle$ が決まるという意味で、一点関数 $\langle\mathcal{O}\rangle$ は g の関数として与えられます。これらは、例えば、ソースとして外部磁場が与えられたときには $\langle\mathcal{O}\rangle$ は磁化、つまり外部からの陽動による応答を意味しています。QCD においては、例えばソース g をクォークの質量とすると、QCD の質量項は $m_q \bar{\psi}\psi$ なので、カイラル凝縮 $\langle\bar{\psi}\psi\rangle$ がその応答に対応します。このように g と $\langle\mathcal{O}\rangle$ が境界側の場の量子論で得られるとき、重力側では、AdS 半径 R が 1 の規格化条件の元で、

$$\phi(\eta_{\mathrm{ini}}) = g\exp[-\Delta_-\eta_{\mathrm{ini}}] + \langle\mathcal{O}\rangle\frac{\exp[-\Delta_+\eta_{\mathrm{ini}}]}{\Delta_+ - \Delta_-}, \qquad (12.2.9)$$

という関係式がある、ということを AdS/CFT 対応は教えます [148][6]。ここで、Δ は $\Delta_\pm \equiv (d/2) \pm \sqrt{d^2/4 + m^2 R^2}$ のようにバルクの質量から決まり、Δ_+ は演算子 $\mathcal{O}$ の**共形次元**[7] を表しています。また、$\eta \to \infty$ にカットオフを入れ、境界を $\eta = \eta_{\mathrm{ini}}$ と定めました。この関係式を η で微分すれば

$$\pi(\eta_{\mathrm{ini}}) = -g\Delta_-\exp[-\Delta_-\eta_{\mathrm{ini}}] - \langle\mathcal{O}\rangle\frac{\Delta_+\exp[-\Delta_+\eta_{\mathrm{ini}}]}{\Delta_+ - \Delta_-}, \quad (12.2.10)$$

★6……バルクで場の作用を積分で見た場合、一般的に、第 1 項は non-normalizable mode、第 2 項は normalizable mode となっています。

★7……共形次元 Δ とは、共形変換で不変の場の量子論において、演算子 $\mathcal{O}$ が座標のスケール変換 $x \to \alpha x$ に対して $\mathcal{O} \to \alpha^{-\Delta}\mathcal{O}$ と変換することを言います。自由場の理論なら、Δ はその演算子（や場）の質量次元に一致します。

という関係式も得られます。これらが、場の量子論の一点関数が与えられたときに、$\eta \to \infty$ において ϕ と π の値を与える公式です。

一方で、出力データはどうでしょうか。ブラックホールの地平面では、地平面に入る向きの波しか許されません。したがって、運動方程式の解は、η の負の向きへの波動解のみを許すことになります。具体的には、時間微分項も復活させればわかりますが、次のような条件になります：

$$0 = F \equiv \left[\frac{2}{\eta}\pi - m^2\phi - \frac{\delta V(\phi)}{\delta \phi} \right]_{\eta=\eta_{\mathrm{fin}}} \qquad (12.2.11)$$

ここで、$\eta = \eta_{\mathrm{fin}} \approx 0$ は地平面近くでのカットオフです。$\eta \to 0$ では F のうち最初の項のみが重要になるので、単純に、地平面条件は

$$\pi = 0 \qquad (12.2.12)$$

として差し支えありません。すなわち、入力されたデータが正しいデータかどうかの判断は、ニューラルネットワークの最終層で π の値がゼロかどうかで判断することになります。

もちろん、数値実験ですので、完全にゼロになるということを要求すると学習が全く進まなくなります。そこで、0 に近い値のときに正しいデータであると判断するようなトリックが必要になります。これは、判定条件を、例えば 0.1 より小さければ 0 であると考える、といった閾値を設定すればよいでしょう。また、最終層の π の値は大変大きくなったりする場合があり、一方でニューラルネットワークは 2 値の分類問題が得意であることを考慮すると、最終層の π の値を $\tanh(\pi)$ のように変換して値域を制限することも効果的だと考えられます。そのようにすれば、学習の際に、一点関数を再現しない「誤ったデータ」が入力された場合、出力が 0 ではなく 1 になっているべき、と学習を進めさせることができるようになります。

このように、重力メトリックを境界側の場の量子論のデータから決定す

る、という逆問題を解く方法が得られました。この、問題の「移行」で重要であったのは、単に微分方程式をニューラルネットワーク形式に書き直すことだけではなく、その微分方程式と境界値問題を、未知のものと与えるものに分け、未知の情報がネットワークの重みに、そして既知のデータが入力と出力になるように、うまく分離することです。このような分離が可能であれば、この章で解説する手法で逆問題を解くことができます。

12.3　ニューラルネットで創発する時空

　それでは実際に、上述のニューラルネットワークをコンピュータ上で実装して、時空のメトリックが学習によって得られるか、数値実験をしてみましょう。ここではまず、知られたメトリックを再現できるか、という数値実験と、次に、重力側が全く知られていない現実の物質の実験データをニューラルネットワークに食べさせることで時空が創発するか[★8]、という二つの数値実験を紹介します [131]。**QCD のデータから創発する時空** [141] については、さらに次節で詳しく述べることにします。

12.3.1　AdS ブラックホール時空が学習されるか

　まずは、このような学習システムが本当にうまく機能するのかを確認するために、知られたメトリックが再現されるのかを数値実験で確かめてみましょう。漸近 AdS 時空の**ブラックホール**というと、最もよく知られているものが、純粋なアインシュタイン方程式の解である、AdS シュワルツシルト解です。$d = 3$ の場合は、

$$h(\eta) = 3 \coth(3\eta) \tag{12.3.1}$$

★8......物理学において「創発 (emergent)」とは、物理系を定義した自由度からは本来期待されない性質や方程式などが力学的に現れる現象のことを言います。

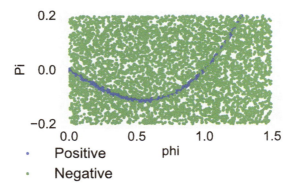

図 12.3 AdS シュワルツシルトメトリック (12.3.1) を離散化して生成された「正解データ」(青色) と「不正解データ」(緑色)。

という簡単な関数となっています ($R=1$ の単位を採用しています)。さて、これが学習により再現されるでしょうか。

バルクの η 方向を 10 層に離散化し、カットオフを $\eta_{\text{ini}}=1$ と $\eta_{\text{fin}}=0.1$ に選ぶことにします。運動方程式の質量項とポテンシャル項は、簡単のために $m^2=-1$ と $V[\phi]=\frac{1}{4}\phi^4$ と選びます。離散化された AdS シュワルツシルトメトリック (12.3.1) を用いて、まず、「正解データ」を生成します。ランダムに生成した $(\phi(\eta_{\text{ini}}),\pi(\eta_{\text{ini}}))$ から、(12.3.1) の重みのニューラルネットワークを用いて、最終層で $|\pi|<0.1$ を満たした $(\phi(\eta_{\text{ini}}),\pi(\eta_{\text{ini}}))$ を「正解データ」と名付けます。同様に、最終層での条件を満たさなかったものを「不正解データ」と名付けます。そのようなデータを 1000 ずつ集め、正解／不正解のラベルのついた教師データとします。

次に、この教師データを用いて、ランダムな初期状態の重み $h(\eta^{(n)})$ から出発し、ニューラルネットワークを学習させます[9]。結果を**図 12.4** に図示します。(a-1)(a-2) は学習をスタートする前の状態、(b=1)(b-2) は学習後の状態です。左の図には、データがどの程度正解と判断されている

---

[9] 学習には Python のライブラリとして PyTorch を用いました。バッチサイズを 10 とし、100 エポック学習させた結果を図示しています。

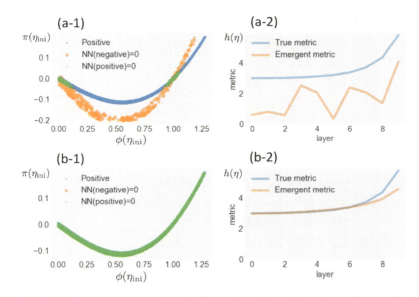

図 **12.4** AdS シュワルツシルト時空の再現実験の結果。上段 (a-1)(a-2) は学習前の判別データとメトリック、下段 (b-1)(b-2) は学習後のそれぞれを示します。(a-1) では、青が真の正解データで、オレンジはランダムに生成された初期メトリック ((a-2) 図のオレンジのジグザグのライン) により正解とみなされたデータです。これらはもちろん異なっています。一方、学習後の (b-1) ではそれらが一致しています。(b-2) をみると、η が 0 に近いわずかな領域を除き、学習後のメトリック (Emergent metric と記載) が、AdS シュワルツシルト時空 (True metric と記載) を再現していることがわかります。

のかが図示されています。右の図はメトリック関数 $h(\eta)$ のプロットです。学習が進むにつれ、正解データと不正解データを正しく判別できている様子が見て取れます。それと同時に、得られたメトリックが AdS シュワルツシルト解 (12.3.1) を再現しつつある様子がわかります。

この数値実験の際に、適切な正則化を導入する必要があります。もし正則化を導入しないと、結果として得られる $h(\eta)$ は、ギザギザなものになってしまうことがほとんどです。ギザギザでも、正解データと不正解データを同様に判別できるメトリックが得られるのです。これは、一般にニューラルネットワークの学習後の重みは一意的ではなく、誤差関数の様々な極

小点が学習結果として得られるためです。様々に得られる $h(\eta)$ のうち、時空として意味のある、スムーズなメトリックを得るために、次のような正則化項を付け加えます。

$$L_{\mathrm{reg}}^{(1)} \equiv c_{\mathrm{reg}} \sum_{n=1}^{N-1} (\eta^{(n)})^4 \left(h(\eta^{(n+1)}) - h(\eta^{(n)}) \right)^2 \tag{12.3.2}$$

この項を付け加えることで、隣り合う η における h の値が近くなり、スムーズなメトリックが得られます。この項は、連続極限をとると $\int d\eta \, (h'(\eta)\eta^2)^2$ という誤差関数を小さくする方向に働きます。正則加項の係数を $c_{\mathrm{reg}} = 10^{-3}$ ととると、最終的なロスの値を増やさずに、スムーズなメトリックのみを取り出せることが数値実験で明らかになりました。

この数値実験から、AdS シュワルツシルト時空が、境界側のオペレータの一点関数から、逆問題を解き再現されることがわかります。深層学習が逆問題を解くのに威力を発揮することが判明しました。

12.3.2 物質データからの創発時空

それでは次に、一点関数のデータとして、実在の物質のものを採用した場合、どのような時空が創発するのか、を見てみましょう。物質において一点関数としてよく測定されているものは、外部磁場応答です。特に、**強相関物質**と呼ばれるものは、電子やスピンの間の相関が強く、境界側で強結合極限を考える AdS/CFT 対応とは相性が良いと考えられます。そこで、$Sm_{0.6}Sr_{0.4}MnO_3$ というマンガン酸化物の外部磁場応答のデータ [149] を使ってみることにします。**図 12.5** の左のデータのうち、155 K の温度のデータを、正解データと不正解データに分けます（図 12.5 右）[10]。

次に、ニューラルネットワークの入力部分を考えます。境界値が (12.2.9)

---

[10]……ここで、実験データにはエラーバーがないので、勝手に手でデータの厚みを付け加えました。あまりにデータが細いと学習が進まない、ということが技術的な理由です。

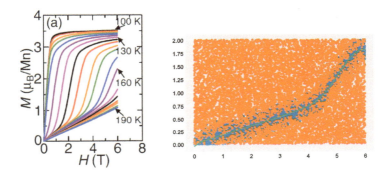

図 12.5 左：マンガン酸化物 $Sm_{0.6}Sr_{0.4}MnO_3$ において、外部磁場 H [Tesla] に対しての磁化 $M[\mu_B/M_n]$ を様々な温度でプロットしたもの。論文 [149] より抜粋。右：155 K のデータに厚みを持たせ、正解データと不正解データを作成したもの。

と (12.2.10) のように場の量子論の一点関数と関係しているため、それを用いて、物質の (H, M) のデータを (ϕ, π) に変換しなければならないのですが、物質の場合の AdS 半径 R が不明であること、そして通例 M の二点関数から決めなければならない演算子の規格化が不明であることから、仕方なく次のように置いてみます。

$$\phi(\eta_{\text{ini}}) = \alpha H + \beta M$$
$$\pi(\eta_{\text{ini}}) = -\Delta_- \alpha H - \Delta_+ \beta M. \tag{12.3.3}$$

ここで、α と β は不明な規格化定数であり、

$$\Delta_\pm = (d/2)\left(1 \pm \sqrt{1 + 4m^2/h(\infty)^2}\right) \tag{12.3.4}$$

が演算子の共形次元を決めています（$d/h(\infty)$ が AdS 半径を与えています）。数値コード上では、次元を持ったパラメータ R_{unit} を考え、すべてがそれを 1 とするように測られていると考えます。この (12.3.3) を第 0 層と考え、$h(\eta)$ でできた元々のニューラルネットワークに加えることにします。

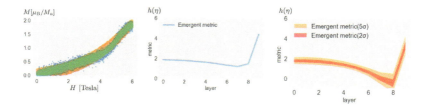

図 12.6 マンガン酸化物 $Sm_{0.6}Sr_{0.4}MnO_3$ の磁場応答から創発したメトリック。中央：創発したメトリック関数 $h(\eta)$。左：創発したメトリックで計算される磁場応答（緑＋オレンジ）と、実際の磁場応答データ（緑）の比較。右：創発メトリック (emergent metric) を 13 試行の統計データの平均と分散としてプロットしたもの。

入力データと出力データの取り扱いは先ほどの AdS シュワルツシルト時空再現実験と同様に考え、ニューラルネットワークの重みを学習させます[★11]。10 層のニューラルネットワークで、今の場合学習させるパラメータは、バルクの質量 m と、相互作用ポテンシャル $V = (\lambda/4)\phi^4$ における λ、そして規格化定数 α と β、そしてメトリック $h(\eta)$ です。

図 12.6 に学習の結果を示します。左と中央の図はそれぞれ、学習後の正解データのフィットの様子と、創発したメトリック $h(\eta)$ です。スムーズなメトリックが得られていることがわかります[★12]。また、右の図は 13 回の試行をまとめた統計データです。ある一定の関数形に収束している様子がわかります。同時に、バルクの質量の値や相互作用の強さも学習されます。結果は、$m^2 R^2 = 5.6 \pm 2.5$、$\lambda/R = 0.61 \pm 0.22$、といった値になりました。

このように、ディープニューラルネットワークを用いることで、AdS/CFT

[★11] ...... この数値実験の際は、もう一つの正則化項を加えて学習を行いました：$L_{\text{reg}} = L_{\text{reg}}^{(1)} + L_{\text{reg}}^{(2)}$ とし、$L_{\text{reg}}^{(1)}$ は以前の (12.3.2) を用います。さらに、

$$L_{\text{reg}}^{(2)} \equiv c_{\text{reg}}^{(2)} (h(\eta^{(N)}) - 1/\eta^{(N)})^2 \tag{12.3.5}$$

という正則化項を導入しました。これは、$h(\eta^{(N)})$ がブラックホールの地平面近傍で地平面の条件である $h(\eta) \sim 1/\eta$ のように振る舞うようにするためです。学習を妨げないための正則化項の大きさを調べた結果、$c_{\text{reg}}^{(2)} = 10^{-4}$ という値を係数として採用することにしました。

[★12] ...... 誤差関数全体が 0.02 を下回るところで学習を停止させました。これは、学習の結果が十分、教師データに近くなったとの判断に基づいています。

12.4 / QCD から創発する時空 251

対応の逆問題を解くことができます。与えられた物質のデータから創発した時空がどのような性質を持つのか、また、どの程度一般的に AdS/CFT 対応に用いることができるのか、など興味深い問いが待っています。

12.4 QCDから創発する時空

それでは最後に、QCD のデータから創発する時空を、これまでと同様にニューラルネットワークを漸近 AdS 時空と考えて、逆問題を解き、求めてみましょう [141]。

AdS/CFT 対応で考えられる一点関数として、QCD で最も重要な一点関数はカイラル凝縮 $\langle \bar{q}q \rangle$ です[★13]。ここで $q(x)$ はクォーク場です。カイラル凝縮は $\bar{q}q$ の真空期待値であり、一方 $\bar{q}q$ は QCD のラグランジアンには質量項 $m_q \bar{q}q$ として含まれているため、$\bar{q}q$ のソースはクォーク質量 m_q ということになります。幸いにして、m_q を変えながらカイラル凝縮を格子 QCD で測定したデータがありますので、それを学習データとしてみましょう。**表 12.1** には、物理単位で測定された $\langle \mathcal{O} \rangle_g = \langle \bar{q}q \rangle_{m_q}$ が与えられています [150]。温度は 207 [MeV] に相当します。

次に、$0 < m_q < 0.022$ と $0 < \langle \bar{q}q \rangle < 0.11$ の領域をとり、m_q の 3 次関数でフィットした曲線からの距離が 0.004 までに入るランダムな点をポ

m_q	$\langle \bar{\psi}\psi \rangle$	$m_q[\text{GeV}]$	$\langle \bar{\psi}\psi \rangle \ [(\text{GeV})^3]$
0.0008125	0.0111(2)	0.00067	0.0063
0.0016250	0.0202(4)	0.0013	0.012
0.0032500	0.0375(5)	0.0027	0.021
0.0065000	0.0666(8)	0.0054	0.038
0.0130000	0.1186(5)	0.011	0.068
0.0260000	0.1807(4)	0.022	0.10

表 12.1 左：クォーク質量の関数としてのカイラル凝縮 [150]（格子定数 a を単位としたもの）。右：物理単位に翻訳したもの（$1/a = 0.829(19)[\text{GeV}]$ を用いています）。誤差はおよそ 8%。

―――――――――――――――――――

[★13]‥‥‥イジング模型での磁化に対応します。第 8 章を参照してください。

第 12 章 超弦理論への応用

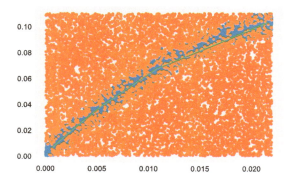

図 12.7 学習のためのデータ。x 軸はクォーク質量 [GeV]、y 軸はカイラル凝縮 [GeV^3] で、青い点はポジティブ、オレンジの点はネガティブデータを示します。

ジティブデータ、入らない点をネガティブデータとします（**図 12.7**）。それぞれ 10000 点をランダムに生成し、学習データとします。

データを漸近 AdS 時空上のスカラー場 ϕ の漸近情報へマップするには、再び AdS/CFT の辞書 [148] を用います。バルクでのスカラー場理論は ϕ^4 理論で、ポテンシャルは

$$V[\phi] = \frac{\lambda}{4}\phi^4 \qquad (12.4.1)$$

となっており、この結合定数 λ も学習対象です（学習された値は正でないといけません）。カイラル凝縮の演算子 $\bar{q}q$ の次元は 3 なので、公式

$$\Delta_\mathcal{O} \equiv (d/2) + \sqrt{d^2/4 + m^2 R^2} \qquad (12.4.2)$$

を用いると、スカラー場の質量は $m^2 = -3/R^2$ となっていなければいけません。ここで R は AdS 半径で、これも学習対象です。AdS の漸近境界では $h(\eta) \approx 4/R$ となるので、そこでのバルクスカラー場の運動方程式は

$$\partial_\eta^2 \phi + \frac{4}{R}\partial_\eta\phi - \frac{3}{R^2}\phi - \lambda\phi^3 = 0 \tag{12.4.3}$$

となり、その解は次のようになります：

$$R^{3/2}\phi \approx \alpha e^{-\eta/R} + \beta e^{-3\eta/R} - \frac{\lambda\alpha^3}{2R^2}\eta\, e^{-3\eta/R}. \tag{12.4.4}$$

ここで第 1 項は non-normalizable モード、第 2 項は normalizable モードであり、第 3 項は相互作用項のために存在する項です。係数は次のようにクォーク質量とカイラル凝縮に関係しています。

$$\alpha = \frac{\sqrt{N_c}}{2\pi}m_q R, \quad \beta = \frac{\pi}{\sqrt{N_c}}\langle\bar{q}q\rangle R^3. \tag{12.4.5}$$

QCD なので以後は $N_c = 3$ とし、数値計算はすべて R を単位として測ることで無次元な量を扱うことにします。まとめると、QCD のデータはスカラー場の漸近境界での値に

$$\phi(\eta_{\mathrm{ini}}) = \alpha e^{-\eta_{\mathrm{ini}}} + \beta e^{-3\eta_{\mathrm{ini}}} - \frac{\lambda\alpha^3}{2}\eta_{\mathrm{ini}}\, e^{-3\eta_{\mathrm{ini}}}. \tag{12.4.6}$$

$$\pi(\eta_{\mathrm{ini}}) = -\alpha e^{-\eta_{\mathrm{ini}}} - \left(3\beta + \frac{\lambda\alpha^3}{2}\right)e^{-3\eta_{\mathrm{ini}}}$$
$$+ \frac{3\lambda\alpha^3}{2}\eta_{\mathrm{ini}}e^{-3\eta_{\mathrm{ini}}}, \tag{12.4.7}$$

のように写像されます。学習において決定される未知関数は $\lambda,\ R,\ h(\eta)$ です。

　ニューラルネットワークとしては 15 層のものを用いることとし、したがって η 方向を離散化します。時空の端を、$R = 1$ の単位で $\eta_{\mathrm{ini}} = 1$

$n-1$	h		$n-1$	h
0	3.0818 ± 0.0081		8	0.374 ± 0.087
1	2.296 ± 0.016		9	2.50 ± 0.19
2	1.464 ± 0.025		10	6.03 ± 0.30
3	0.627 ± 0.035		11	11.46 ± 0.35
4	-0.141 ± 0.045		12	19.47 ± 0.27
5	-0.727 ± 0.049		13	31.07 ± 0.17
6	-0.974 ± 0.043		14	46.70 ± 0.52
7	-0.687 ± 0.032			

表 12.2 学習で創発した時空のメトリック $h(\eta^{(n)})$（$n-1=0,1,\cdots,14$ は層の番号）。

$\eta_{\mathrm{fin}} = 0.1$ とすると、$\eta_{\mathrm{fin}} \leq \eta \leq \eta_{\mathrm{ini}}$ を等間隔で 15 等分することになります。この状況下で、学習を行いました[★14]。ポジティブとネガティブのデータの判別条件は、以前と同じ、ブラックホールの地平面条件を用います。PyTorch を用いて機械学習を実装しました。初期条件としては、h は $h=4$ のまわりに大きさ 3 のゆらぎでランダムに選び、$\lambda = 0.2$ そして $R = 0.8\,[\mathrm{GeV}^{-1}]$ と選びました。バッチサイズは 10、学習は 1500 エポックで終了しました。エラーが 0.008 を下回った学習結果（8 通り）を集めた結果が**表 12.2** に、そしてそのプロットが**図 12.8** に示されています。学習された結合定数 λ と AdS 半径 R は

$$\lambda = 0.01243 \pm 0.00060 \,, \tag{12.4.10}$$

$$R = 3.460 \pm 0.021 \,[\mathrm{GeV}^{-1}] \tag{12.4.11}$$

[★14]……正則化としては、$L_{\mathrm{reg}} = L_{\mathrm{reg}}^{(\mathrm{smooth})} + L_{\mathrm{reg}}^{(\mathrm{bdry})}$ を用いています。第 1 項は

$$L_{\mathrm{reg}}^{(\mathrm{smooth})} \equiv c_{\mathrm{reg}} \sum_{n=1}^{N-1} (\eta^{(n)})^4 \left(h(\eta^{(n+1)}) - h(\eta^{(n)}) \right)^2 \tag{12.4.8}$$

であり、$h(\eta)$ を滑らかな関数にするものです（$c_{\mathrm{reg}} = 0.01$）。η^4 という因子は、地平面近傍で期待される $h(\eta) \propto 1/\eta$ という関数形を禁止しないためです。第 2 項は

$$L_{\mathrm{reg}}^{(\mathrm{bdry})} \equiv c_{\mathrm{reg}} \left(d - h(\eta^{(1)}) \right)^2 \tag{12.4.9}$$

となっており、漸近 AdS（ただし $d+1$ 次元時空）にするためのものです。係数は $c_{\mathrm{reg}} = 0.01$ と選びました。

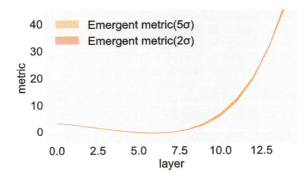

図 **12.8** 創発した時空メトリック（表 12.2）をプロットしたもの。y 軸がメトリック $h(\eta)$ であり、x 軸は創発空間座標 η、すなわち、層の番号 $n-1 = 0, \cdots, 14$ です。

となりました。これは、$5.0677 \ [\mathrm{GeV}^{-1}] = 1 \ [\mathrm{fm}]$ の換算では $R = 0.6828 \pm 0.0041 \ [\mathrm{fm}]$ を意味しています。

QCD のデータから創発したメトリックを眺めてみましょう。三つの興味深い点があります。

- 8 例すべてが同じメトリックを創発しています。したがって、得られたメトリックはユニバーサルであると言えるでしょう。
- 得られた $h(\eta^{(n)})$ は、η が事象の地平面に近づくにつれ、発散しています。これは、ブラックホールのメトリックと同じ振る舞いです。有限温度 QCD のデータから自動的に創発したブラックホールであると考えられます。
- 中間領域では、$h(\eta)$ が負になっています。これは、通常のアインシュタイン方程式の解ではみられない振る舞いです。

以上のように、QCD のカイラル凝縮のデータを矛盾なく再現するような漸近 AdS の創発時空のメトリックが得られました。逆問題を解いて重力模型を得る方法が、機械学習によって可能となったのです。

では、この学習によって得られたメトリックは、何か興味深い新しい予

言をしてくれるのでしょうか。得られたメトリックの不思議な点は、上記の三つ目にも挙げたように、h が負になっているということです。これは、実は、ブラックホール時空が閉じ込めの様相を示していることを意味しています。閉じ込め時空とは、漸近 AdS 領域から時空の奥深くに潜って行くときに、時空のある場所でメトリックの値が減少せずに増大し、それ以上先へ進めなくなってしまうような時空です。h は η で微分されていますので、その符号が逆転することは、そのようなメトリックの振る舞いを表しているのです。ブラックホールの地平面があり、かつ、閉じ込めの様相も示すようなメトリックになっているのです。

　実際、このメトリックから、ウィルソンループと呼ばれる演算子の真空期待値を、AdS/CFT の辞書を用いて計算してみると、地平面からくるデバイ遮蔽と、閉じ込めからくる線形ポテンシャルの両方の性質を持ったものとなり、格子 QCD の予言と定性的によく合います。実は、従来の AdS/CFT に基づいた重力模型では、このような両方の性質を持つ時空は考えられてきませんでした。この度、深層学習を用いて QCD のデータから創発した時空は、驚くべきことに、両方の性質を兼ね備えていたのです。このように、深層学習を用いて逆問題を具体的に解いてやると、従来のホログラフィック模型を超えた概念をも与えるような模型の構築が可能となりました。

　このようなプラクティカルな模型構築以上に、ネットワーク自体がスムーズな時空と解釈できる点は、大変興味深いことです。イジング模型のコラムでも紹介されましたが、ホップフィールド模型などは、ニューラルネットワーク自身をスピン系とみなし、ネットワークの重みがスピン同士の相互作用の強さに対応していました。この章で紹介した模型では、ネットワークの重みが直接メトリックを含んでいます。そのため、ネットワークのノードの間の距離が規定され、ネットワーク全体が空間のように解釈されます。このような考え方は、特に力学的単体分割に基づいた量子重力理論を想起させます。ネットワークが時空になるというアイデアは、どこまで一般化できるのでしょう。

　ディープラーニングに基づくホログラフィック模型は、古典重力理論ではありますが、今後、どのように量子効果や重力の本質的効果が現れてく

るか、そして他の量子重力の概念とどのように関係してくるか、が明らか
になることも、期待されます。

258 第 12 章 超弦理論への応用

COLUMN

ブラックホールと情報

　第 1 章でマクスウェルの悪魔が $\log 2$ のエントロピー減少をもたらした
ことを説明しましたが、ここではベケンシュタイン (J. Bekenstein) とホー
キング (S. Hawking) による**ブラックホールエントロピー**の導入について
お話しましょう。彼らの提案以前から、ブラックホールが際限なく周辺の
ガスを飲み込み、大きくなる様とエントロピー増大則の類似性が指摘され
ていました。そこでベケンシュタインはブラックホールの地平面の面積を
A としたときエントロピー S が

$$S = f(A) \tag{12.4.12}$$

であるとし、関数型 f を決めようとしました。その考えの鍵は、「S の変
化分で最小の量は何か?」ということです。彼はそれを

1. コンプトン波長 = 半径、である粒子がブラックホールに落ちる場合で、
2. エントロピー変化分はその粒子が存在しているか、破壊されているかの
   二択で $\log 2$ であろう

と仮定しました。まず仮定 1 から最小の面積変化分が

$$\delta A = 2\hbar \tag{12.4.13}$$

であることを半古典的に計算します。これを仮定 2 と組み合わせ

$$\log 2 = \delta S = \delta A \cdot f'(A) = 2\hbar f'(A) \tag{12.4.14}$$

とし、

$$S = f(A) = \frac{\log 2}{2} \frac{A}{\hbar} \tag{12.4.15}$$

と決まる、というのがベケンシュタインの初めの主張です。文献 [6] で彼は「この係数は少し違うかもしれないが、もし完全に量子力学的に取り扱えば、近い値が得られるだろう」と予言していますが、実際ホーキングによる、場の量子化を用いたブラックホール蒸発の論文 [7] で得られた公式は

$$S = \frac{1}{4} \frac{A}{\hbar} \tag{12.4.16}$$

であり、これらの係数はそれぞれ

$$\frac{\log 2}{2} = 0.34\ldots, \tag{12.4.17}$$

$$\frac{1}{4} = 0.25 \tag{12.4.18}$$

と与えられ、おおよそ近い係数を与えています。$\log 2$ という値が、ブラックホールに落ちた粒子の持っていたおおよその情報であり、それがブラックホールの面積に転換された、というわけです。

第 1 章で触れたマクスウェルの悪魔の話題にしても、このブラックホールの話題にしても、情報と物理学の根本的なつながりが見え隠れしています。実際、近年の量子重力理論の進展においては、時空自体が量子的な絡み合いでできているという考え方が主流となっています。また、ブラックホールは最もカオス的である、という主張に基づいてホログラフィー原理

の研究が進展している一方で、第4章のコラムでお伝えした通り、カオスと安定の境界では計算機が構成できる、といった話題もあります。

　情報を取り扱う「知能」の礎となる可能性を持つ深層学習。本書では、物理学がそこで活躍していることを紹介してきました。情報や計算可能性、機械学習の理論、そして物理学は、今後どのような発展をしていくのでしょうか。

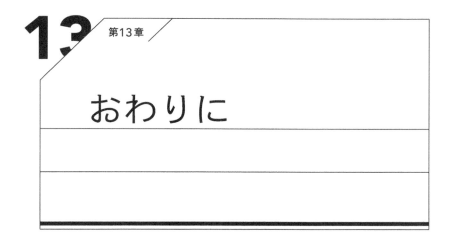

ここまで、深層学習と物理について、その関係を詳細に見てきました。我々著者（田中・富谷・橋本）は、この融合分野の研究論文の共著者でもありますが、そもそも共同研究とは、志を一にするが背景を異とする者が集まってこそ楽しいもの、とも言えます。読者のみなさんは様々な動機で本書を手に取られたことかと思いますが、じつのところ我々3人も、「ディープラーニングと物理」については、持っている想いも様々です。そこでここでは、通例の教科書の「おわりに」風ではなく、著者3人がそれぞれに抱いている想いを吐露することで、これからの新しい分野における皆さんの議論の種にしていただきたいと思います。

ニューラルネットワークと物理そして技術革新——富谷昭夫

　私が中学生だった2003年から2005年頃、世の中はAIの冬第2期の真っ只中でした。コンピュータ少年だった私は、コンピュータゲームを作っていて、人間を相手に三目並べ（ボードゲーム）の相手をするプログラム

やチャットの相手をする「人工無能」[1] を作って遊んでいました。当時の人工知能といえばエキスパートシステムや IBM のディープ・ブルー[2] などがあったように思います。（その当時からあった）Google 検索を用いていろいろ調べているうちに、ニューラルネットワークがどうやらすごいということを知りましたが、誤差逆伝播法などが理解できずに諦めていました。一方で高校に入学後、物理に面白さを感じ始め、その後、2015 年に素粒子物理学で博士号をとってポスドクをしていました。2016 年 Google の人工知能が囲碁で人間に勝利したらしいと大ニュースが飛び込んできました[3]。そのニュースを受け、この本の著者である田中章詞氏とメッセージを交わしながら勉強・研究を始めました。勉強を初めてみると数学的道具立てが物理に似ていることがわかって、アイデアなどもすんなりと理解できて応用もできました。さらに勉強していくと、どうやら物理から輸入されたアイデアもあるとのことでした[4]。研究はある程度まとまり、いくつかの論文として形になりました。本書は、物理学の研究者がその視点で深層学習とその関連分野を基礎から応用などを説明していますが、これは筆者、少なくとも私がたどった道でもあります。

　筆者の専門は格子 QCD ですが、この分野の出身者が Jupyter Notebook の開発者の一人[5] であったことは、不思議ではありませんでした。なぜなら計算機を用いた物理をやっていると大量のデータを可視化したりしなければならないからです。少し枠を広げると、今日のインターネットの根幹技術である WWW の開発も欧州原子核研究機構 (CERN) で行われていました[6]。また機械学習や物理、数学等の論文のプレプリントをアップ

---

[1]......特定のキーワードに機械的に反応するソフトウェアのこと。

[2]......1997 年に当時の世界チェスのチャンピオンだったガルリ・カスパロフに勝利したスーパーコンピュータ。

[3]......正確には、Deep Mind 社のアルファ碁がイ・セドル氏に勝利した、というニュースでした。

[4]......深層学習のきっかけとなったボルツマンマシンのことです。

[5]......コロラド大学ボルダー校出身の Fernando Perez 氏。格子 QCD が博士課程の専門で格子 QCD の大家 Anna Hasenfratz 教授の学生でした。

[6]......実際の開発は、そこにいた情報系の研究者である Tim Berners-Lee によって行われましたが、加速器というそれ自身が大量のデータを生成する機械がなければ、もしくは自然を理解しようという

ロードするサービスである arXiv[7] も素粒子物理学者によってつくられました[8]。メタレベルでも、物理は次世代の技術を支えているわけです。物理や、本書を通して深層学習を学んだ読者が理論的に深層学習の汎化の謎を解いたり、物理と機械学習の関係を明確にしてくれるのも嬉しいですが、一方で、WWW や Jupyter Notebook の様な次世代の技術革新を担ってくれるのも私にとって幸福です。

知性はなぜ存在するのか——田中章詞

　化学物質の生態系への悪影響を『沈黙の春』という著作で発表し有名になった生物学者に、レイチェル・カーソンという女性がいますが、彼女の執筆した別の著作に『センス・オブ・ワンダー』という短いエッセイがあります。この本で言うセンス・オブ・ワンダーとは「自然をありのままに感じ、不思議だな、と思う心」です。物理学や数学を勉強／研究していると、しばしば「何の役に立つのか」とか「物好き、変わり者」のレッテルをはられてしまうことがあり、そのようなとき自分自身でもなぜこれらの学問に自分が惹きつけられているのか言語化できなくもどかしい時期がありましたが、一つの回答は、センス・オブ・ワンダーを感じるためなのかもしれません。

　そもそも、なぜ我々はこのような「不思議だと思う心」を持っているのでしょうか。脳の働きがすべて化学反応で説明できるのだとすれば、そこに「意識」が現れる可能性はなく、すべてはただ淡々と化学反応によって引き起こされた物理現象なわけです。そういう意味では意識は幻想なのかもしれません。仮に意識は幻想だとしても、少なくとも人間は「知性」を

　　　　強い動機がなければなされなかったことだと思います。また物理学者コミュニティの持つ（原義の）ハッカー精神のおかげで無料で使えるシステムになったとも考えるのは難しくありません。

★7……https://arxiv.org アーカイブと読みます。英単語の archive とかけています。

★8……Paul Ginsparg 教授、格子 QCD において重要な Gisparg-Wilson 関係式に名前を残す著名な物理学者、が最初にサーバーを立ち上げたのが始まりです。また前身となるサービスも物理学者である Joanne Cohn によって成し遂げられました。この情報を提供していただいた名古屋大学教授 野尻 伸一氏に感謝します。

持っており、論理的な情報処理能力を持っていることは流石に疑いようがないでしょう。

　この世界に知性を持った生物が存在している以上、知性が存在しうることと、物理学の法則に何らかの関係があってもおかしくない気もします。なぜ宇宙が始まったのか、なぜ膨張しているのか、なぜ4次元なのか、等の大いなる（そして素朴な）謎への興味はつきませんが、それと同じくらい、なぜ知性が存在するのか、というのも興味深い問いだと思います。このことがわかれば、もしかしたら知性を創ることさえできるのかもしれません。近年の深層学習の発展はその可能性を感じさせますが、よく言われるようになぜ深層学習がうまく働くのかの理論的な説明は今のところありません。このあたりがわかれば、もしかしたら知性の謎に迫ることができるかもしれません。

物理法則はなぜ存在するのか——橋本幸士

　「物理をやるのに、哲学なんて役に立たないよ」私が大学院1年生の頃、トーマス・クーンの『科学革命の構造』を持って廊下を歩いていたら、研究室の先生にそう言われたのを、今でもよく覚えています。はたして、全く役に立たないのでしょうか。

　「相対性理論の原理である一般座標変換不変性は、なぜ自然かというと、人間が外界を認知する方法だからだよね」私が大学1年生の頃、素粒子物理学者の田中正先生がそうおっしゃいました。はたして、本当でしょうか。

　本書の第7章で考察したように、物理学における概念の革命的発見は逆問題です。逆問題である学習を実行するのは、人間が外界を認知し思考し記憶する手段である神経回路網です。そして、本書で繰り返し見てきたように、人工神経回路網は深層学習となり機械上に実装される際に、物理学の概念を用いているのです。この巡回論的な連関の奥には、なにか理論の理論とも言えるものが隠されているのでしょうか。

　近年の驚くべき機械学習の進展を学ぶにつけ、私は物理学の基礎概念や革新的概念との関係に何度も気づかされました。その頻度と広範さには、

驚くほかありませんでした。この感情は、単に私のワーキングメモリが少なすぎることに起因するトートロジーなのでしょうか。

　還元論的素粒子論は、いくども、新しい概念が生み出されることと同時に進展してきた歴史があります。超弦理論が対象とする量子重力時空そのものの起源が最終的に人間の知能で解明されることと、機械学習が、全く無関係であるということはありえない、私はそう感じています。読者の皆さんとお会いして、物理の議論をする日を楽しみにしています。

謝 辞

　本書は、物理学と機械学習について、我々の周囲のたくさんの方々との議論に基づいて執筆されました。特に、大阪大学で開催されたシンポジウム「Deep learning and physics」「Deep learning and physics 2018」での議論や、世界各地の研究会やセミナーでの議論が不可欠でした。この場を借りて関係者の方々に感謝いたします。草稿に目を通してコメントをくださった、芥川哲也さん、住本尚之さん、白井徳仁さん、永井佑紀さん、菊池勇太さん、木虎秀二さん、曽根さやかさんに感謝します。著者（田中）は理研革新知能統合研究センターおよび数理創造プログラムからの支援に感謝します。著者（富谷）は、華中師範大学の Heng-Tong Ding 教授に感謝します。彼がポスドクとして雇ってくれなくては、また教授の専門とは異なる課題を自由に研究する環境を与えてくれなければ、本書のきっかけとなった論文 [120] は生まれませんでした。真の乱数とコルモゴロフ複雑性の関係を指摘してくださった広島大学の松本眞先生に感謝します。また、著者（橋本）は執筆と研究をよく理解してくれている妻の橋本治子に感謝します。そして、講談社サイエンティフィクの編集の慶山篤さんには、出版にあたり尽力いただきました。ありがとうございます。

　最後に、様々な場所で議論してくださった世界中の研究者の方々に感謝します。

参考文献

[1] 内山龍雄. 『相対性理論』. 物理テキストシリーズ. 岩波書店, 1987.

[2] S. Weinberg. "Scientist: Four golden lessons." *Nature* **426**, 389–389, 2003.

[3] 豊田正. 『情報の物理学』. 物理のたねあかし. 講談社, 1997.

[4] 甘利俊一. 『情報理論』. ちくま学芸文庫. 筑摩書房, 2011.

[5] C. E. Shannon. "A mathematical theory of communication." *The Bell System Technical Journal* **27**, 379–423, 1948.

[6] J. D. Bekenstein. "Black holes and entropy." *Physical Review D* **7**, 2333–2346, 1973.

[7] S. W. Hawking. "Particle creation by black holes." *Communications in Mathematical Physics* **43**, 199–220, 1975.

[8] T. Sagawa and M. Ueda. "Information thermodynamics: Maxwell's demon in nonequilibrium dynamics." In *Nonequilibrium Statistical Physics of Small Systems: Fluctuation Relations and Beyond*, R. Klages, W. Just, and C. Jarzynski (eds.), pp. 181–211, Wiley-VCH, 2013.

[9] J. A. Wheeler. "Information, physics, quantum: The search for links." In *Complexity, Entropy, and the Physics of Information*, W. H. Zurek (ed.), pp. 3–28, Westview Press, 1990.

[10] M. A. Nielsen and I. L. Chuang. *Quantum Computation and Quantum Information*, 10th anniversary ed. Cambridge University Press, 2010. [2000 年初版原書からの邦訳：M. A. Nielsen, I. L. Chuang（著），木村達也（訳）. 『量子コンピュータと量子通信』, 第 I–III 巻. オーム社, 2004–2005.]

[11] E. Witten. "A mini-introduction to information theory." arXiv preprint arXiv:1805.11965, 2018.

[12] I. N. Sanov. "On the probability of large deviations of random variables." *Matematicheskii Sbornik* **42**, 11–44, 1957 [Russian original]. *Institute of Statistics Mimeograph Series* **192**, 1–50, 1958 [English translation by D. E. A. Quade].

[13] 黒木玄.「Kullback-Leibler情報量とSanovの定理」. http://www.math.tohoku.ac.jp/~kuroki/LaTeX/20160616KullbackLeibler.pdf.

[14] C. Rosenberg. "The Lenna Story." http://www.lenna.org/.

[15] W. Poundstone. *The Recursive Universe: Cosmic Complexity and the Limits of Scientific Knowledge.* Contemporary Books, 1984.［邦訳：W. パウンドストーン（著）, 有沢誠（訳).『ライフゲイムの宇宙』. 日本評論社, 1990.］

[16] A. L. Samuel. "Some studies in machine learning using the game of checkers. II—Recent progress." In *Computer Games I*, D. N. L. Levy (ed.), pp. 366–400, Springer, 1988.

[17] R. P. Feynman, R. B. Leighton, and M. Sands. *The Feynman Lectures on Physics, Volume I: Mainly Mechanics, Radiation, and Heat.* Addison-Wesley, 1963.［邦訳：ファインマン, レイトン, サンズ（著）, 坪井忠二（訳).『ファインマン物理学 I 力学』. 岩波書店, 1967.］

[18] Y. LeCun, C. Cortes, and C. J. C. Burges. "The MNIST database of handwritten digits." http://yann.lecun.com/exdb/mnist/.

[19] A. Krizhevsky. "Learning multiple layers of features from tiny images." MSc thesis, University of Toronto, 2009.

[20] 渡辺澄夫.『代数幾何と学習理論』. 知能情報科学シリーズ. 森北出版, 2006.

[21] M. Mohri, A. Rostamizadeh, and A. Talwalkar. *Foundations of Machine Learning*, 2nd ed. MIT Press, 2018.

[22] H. Akaike. "Information theory and an extension of the maximum likelihood principle." In *Selected Papers of Hirotugu Akaike*, E. Parzen, K. Tanabe, and G. Kitagawa (eds.), pp. 199–213, Springer, 1998.

[23] S. Borsanyi, S. Durr, Z. Fodor, C. Hoelbling, S. D. Katz, S. Krieg, L. Lellouch, T. Lippert, A. Portelli, K. K. Szabo, and B. C. Toth. "Ab initio calculation of the neutron-proton mass difference." *Science* **347**, 1452–1455, 2015.

[24] K. He, X. Zhang, S. Ren, and J. Sun. "Deep residual learning for image recognition." In *Proceedings of the 2016 IEEE Conference on Computer Vision and Pattern Recognition* (CVPR 2016), pp. 770–778, 2016.

[25] S. Shalev-Shwartz and S. Ben-David. *Understanding Machine Learning: From Theory to Algorithms*. Cambridge University Press, 2014.

[26] J. Deng, W. Dong, R. Socher, L.-J. Li, K. Li, and F.-F. Li. "ImageNet: A large-scale hierarchical image database." In *Proceedings of the 2009 IEEE Conference on Computer Vision and Pattern Recognition* (CVPR 2009), pp. 248–255, 2009.

[27] K. Kawaguchi, L. P. Kaelbling, and Y. Bengio. "Generalization in deep learning." arXiv preprint arXiv:1710.05468, 2017.

[28] I. Goodfellow, Y. Bengio, and A. Courville. *Deep Learning*. MIT Press, 2016.

[29] 瀧雅人.『これならわかる深層学習入門』. 機械学習スタートアップシリーズ. 講談社，2017.

[30] C. M. Bishop. *Pattern Recognition and Machine Learning*. Springer, 2006. ［邦訳：C. M. ビショップ（著），元田浩，栗田

多喜夫, 樋口知之, 松本裕治, 村田昇（監訳）.『パターン認識と機械学習——ベイズ理論による統計的予測』, 上下巻. シュプリンガー・ジャパン, 2007–2008.]

[31] 岡谷貴之.『深層学習』. 機械学習プロフェッショナルシリーズ. 講談社, 2015.

[32] V. Nair and G. E. Hinton. "Rectified linear units improve restricted Boltzmann machines." In *Proceedings of the 27th International Conference on International Conference on Machine Learning* (ICML 2010), pp. 807–814, 2010.

[33] Y. W. Teh and G. E. Hinton. "Rate-coded restricted Boltzmann machines for face recognition." In *Advances in Neural Information Processing Systems 13: The Proceedings of the 2000 Neural Information Processing Systems Conference* (NIPS 2000), pp. 908–914, 2000.

[34] D. E. Rumelhart, G. E. Hinton, and R. J. Williams. "Learning internal representations by error propagation." Technical report, Institute for Cognitive Science, University of California, San Diego, 1985.

[35] G. Cybenko. "Approximation by superpositions of a sigmoidal function." *Mathematics of Control, Signals, and Systems* **2**, 303–314, 1989.

[36] M. Nielsen. "A visual proof that neural nets can compute any function." http://neuralnetworksanddeeplearning.com/chap4.html.

[37] H. Lee, R. Ge, T. Ma, A. Risteski, and S. Arora. "On the ability of neural nets to express distributions." arXiv preprint arXiv:1702.07028, 2017.

[38] S. Sonoda and N. Murata. "Neural network with unbounded activation functions is universal approximator." *Applied and Computational Harmonic Analysis* **43**, 233–268, 2017.

[39] Y. LeCun, L. Bottou, Y. Bengio, and P. Haffner. "Gradient-based learning applied to document recognition." *Proceedings of the IEEE* **86**, 2278–2324, 1998.

[40] D. H. Hubel and T. N. Wiesel. "Receptive fields, binocular interaction and functional architecture in the cat's visual cortex." *The Journal of Physiology* **160**, 106–154, 1962.

[41] K. Fukushima and S. Miyake. "Neocognitron: A new algorithm for pattern recognition tolerant of deformations and shifts in position." *Pattern Recognition* **15**, 455–469, 1982.

[42] A. Krizhevsky, I. Sutskever, and G. E. Hinton. "ImageNet classification with deep convolutional neural networks." In *Advances in Neural Information Processing Systems 25: The Proceedings of the 2012 Neural Information Processing Systems Conference* (NIPS 2012), pp. 1097–1105, 2012.

[43] S. Sabour, N. Frosst, and G. E. Hinton. "Dynamic routing between capsules." In *Advances in Neural Information Processing Systems 30: The Proceedings of the 2017 Neural Information Processing Systems Conference* (NIPS 2017), pp. 3856–3866, 2017.

[44] V. Dumoulin and F. Visin. "A guide to convolution arithmetic for deep learning." arXiv preprint arXiv:1603.07285, 2016.

[45] A. Radford, L. Metz, and S. Chintala. "Unsupervised representation learning with deep convolutional generative adversarial networks." arXiv preprint arXiv:1511.06434, 2015.

[46] H. T. Siegelmann and E. D. Sontag. "On the computational power of neural nets." *Journal of Computer and System Sciences* **50**, 132–150, 1995.

[47] S. Hochreiter. "Untersuchungen zu dynamischen neuronalen Netzen." Diploma thesis, Institut für Informatik, Universität

München, 1991 [German].

[48] S. Hochreiter, Y. Bengio, P. Frasconi, and J. Schmidhuber. "Gradient flow in recurrent nets: The difficulty of learning long-term dependencies." In *A Field Guide to Dynamical Recurrent Networks*, J. F. Kolen and S. C. Kremer (eds.), pp. 237–244, IEEE Press, 2001.

[49] S. Hochreiter and J. Schmidhuber. "Long short-term memory." *Neural Computation* **9**, 1735–1780, 1997.

[50] C. Olah. "Understanding LSTM networks." http://colah.github.io/posts/2015-08-Understanding-LSTMs/.

[51] D. Bahdanau, K. Cho, and Y. Bengio. "Neural machine translation by jointly learning to align and translate." arXiv preprint arXiv:1409.0473, 2014.

[52] A. Vaswani, N. Shazeer, N. Parmar, J. Uszkoreit, L. Jones, A. N. Gomez, L. Kaiser, and I. Polosukhin. "Attention is all you need." In *Advances in Neural Information Processing Systems 30: The Proceedings of the 2017 Neural Information Processing Systems Conference* (NIPS 2017), pp. 5998–6008, 2017.

[53] K. Xu, J. Ba, R. Kiros, K. Cho, A. Courville, R. Salakhudinov, R. Zemel, and Y. Bengio. "Show, attend and tell: Neural image caption generation with visual attention." In *Proceedings of the 32nd International Conference on International Conference on Machine Learning* (ICML 2015), pp. 2048–2057, 2015.

[54] H. Zhang, I. Goodfellow, D. Metaxas, and A. Odena. "Self-attention generative adversarial networks." arXiv preprint arXiv:1805.08318, 2018.

[55] C. Olah and S. Carter. "Attention and augmented recurrent neural networks." *Distill* 10.23915/distill.00001, 2016.

[56] A. Graves, G. Wayne, and I. Danihelka. "Neural Turing machines." arXiv preprint arXiv:1410.5401, 2014.

[57] 時弘哲治. 『箱玉系の数理』. 開かれた数学. 朝倉書店, 2010.

[58] S. Wolfram. *Theory and Applications of Cellular Automata: Including Selected Papers 1983–1986*. World Scientific, 1986.

[59] M. Cook. "Universality in elementary cellular automata." *Complex Systems* **15**, 1–40, 2004.

[60] M. Cook. "A concrete view of rule 110 computation." arXiv preprint arXiv:0906.3248, 2009.

[61] C. G. Langton. "Computation at the edge of chaos: Phase transitions and emergent computation." *Physica D: Nonlinear Phenomena* **42**, 12–37, 1990.

[62] L. Lyons. "Discovering the significance of 5 sigma." arXiv preprint arXiv:1310.1284, 2013.

[63] G. Jona-Lasinio. "Renormalization group and probability theory." *Physics Reports* **352**, 439–458, 2001.

[64] A. M. Ferrenberg, D. P. Landau, and Y. J. Wong. "Monte Carlo simulations: Hidden errors from 'good' random number generators." *Physical Review Letters* **69**, 3382–3384, 1992.

[65] M. Matsumoto and T. Nishimura. "Mersenne twister: A 623-dimensionally equidistributed uniform pseudorandom number generator." *ACM Transactions on Modeling and Computer Simulation* **8**, 3–30, 1998.

[66] 手塚集 (著), 九州大学マス・フォア・インダストリ研究所 (編). 『確率的シミュレーションの基礎』. IMI シリーズ：進化する産業数学. 近代科学社, 2018.

[67] G. K. Savvidy and N. G. Arutyunyan-Savvidy. "On the Monte Carlo simulation of physical systems." *Journal of Computational Physics* **97**, 566–572, 1991.

[68] G. Marsaglia. "Xorshift RNGs." *Journal of Statistical Software* **8**, 1–6, 2003.

[69] 杉田洋. 「モンテカルロ法，乱数，および疑似乱数」. http://www4. math.sci.osaka-u.ac.jp/~sugita/mcm.html.

[70] G. E. P. Box. "A note on the generation of random normal deviates." *The Annals of Mathematical Statistics* **29**, 610–611, 1958.

[71] O. Häggström. *Finite Markov Chains and Algorithmic Applications.* Cambridge University Press, 2002. ［邦訳：O. Häggström（著），野間口謙太郎（訳）.『やさしいMCMC入門——有限マルコフ連鎖とアルゴリズム』. 共立出版，2017.］

[72] 田崎晴明. 「数学：物理を学び楽しむために」. http://www.gakushuin. ac.jp/~881791/mathbook/.

[73] L. Tierney. "Markov chains for exploring posterior distributions." *The Annals of Statistics* **22**, 1701–1728, 1994.

[74] 青木慎也.『格子上の場の理論』. シュプリンガー現代理論物理学シリーズ. 丸善出版，2012.

[75] A. Chowdhury, A. K. De, S. D. Sarkar, A. Harindranath, J. Maiti, S. Mondal, and A. Sarkar. "Exploring autocorrelations in two-flavour Wilson Lattice QCD using DD-HMC algorithm." *Computer Physics Communications* **184**, 1439–1445, 2013.

[76] M. Lüscher. "Computational Strategies in Lattice QCD." In *Modern Perspectives in Lattice QCD: Quantum Field Theory and High Performance Computing* (Proceedings of International School, 93rd Session, Les Houches, France, August 3–28, 2009), pp. 331–399, 2010.

[77] N. Madras and A. D. Sokal. "The pivot algorithm: A highly efficient Monte Carlo method for the self-avoiding walk." *Jour-*

nal of Statistical Physics **50**, 109–186, 1988.

[78] N. Metropolis, A. W. Rosenbluth, M. N. Rosenbluth, A. H. Teller, and E. Teller. "Equation of state calculations by fast computing machines." *The Journal of Chemical Physics* **21**, 1087–1092, 1953.

[79] M. Creutz, L. Jacobs, and C. Rebbi. "Monte Carlo study of Abelian lattice gauge theories." *Physical Review D* **20**, 1915–1922, 1979.

[80] S. Geman and D. Geman. "Stochastic relaxation, Gibbs distributions, and the Bayesian restoration of images." *IEEE Transactions on Pattern Analysis and Machine Intelligence* **6**, 721–741, 1984.

[81] W. K. Hastings. "Monte Carlo sampling methods using Markov chains and their applications." *Biometrika* **57**, 97–109, 1970.

[82] 田崎晴明. 『統計力学』, 第 I–II 巻. 新物理学シリーズ. 培風館, 2008.

[83] L. Onsager. "Crystal statistics. I. A two-dimensional model with an order-disorder transition." *Physical Review* **65**, 117–149, 1944.

[84] Y. Nambu. "A note on the eigenvalue problem in crystal statistics." In *Broken Symmetry: Selected Papers of Y. Nambu*, T. Eguchi and K. Nishijima (eds.), pp. 1–13. World Scientific, 1995.

[85] R. S. Sutton and A. G. Barto. *Reinforcement Learning: An Introduction*. MIT Press, 1998.

[86] 牧野貴樹, 澁谷長史, 白川真一（編著）. 『これからの強化学習』. 森北出版, 2016.

[87] G. E. Hinton. "Training products of experts by minimizing contrastive divergence." *Training* **14**, 1771–1800, 2006.

[88] Y. Bengio and O. Delalleau. "Justifying and generalizing

contrastive divergence." *Neural Computation* **21**, 1601–1621, 2009.

[89] 前田新一, 青木佑紀, 石井信.「Detailed balance learning による マルコフ連鎖の学習」,『日本神経回路学会全国大会講演論文集』(日本神経回路学会第 19 回全国大会), pp. 40–41, 2009.

[90] I. Goodfellow, J. Pouget-Abadie, M. Mirza, B. Xu, D. Warde-Farley, S. Ozair, A. Courville, and Y. Bengio. "Generative adversarial nets." In *Advances in Neural Information Processing Systems 27: The Proceedings of the 2014 Neural Information Processing Systems Conference* (NIPS 2014), pp. 2672–2680, 2014.

[91] J. von Neumann. "Zur Theorie der Gesellschaftsspiele." *Mathematische Annalen* **100**, 295–320, 1928 [German].

[92] J. Zhao, M. Mathieu, and Y. LeCun. "Energy-based generative adversarial network." arXiv preprint arXiv:1609.03126, 2016.

[93] C. Villani. *Optimal Transport: Old and New.* Springer, 2008.

[94] G. Peyré and M. Cuturi. "Computational optimal transport." *Foundations and Trends® in Machine Learning* **11**, 355–607, 2019.

[95] M. Arjovsky, S. Chintala, and L. Bottou. "Wasserstein GAN." arXiv preprint arXiv:1701.07875, 2017.

[96] M. Cuturi. "Sinkhorn distances: Lightspeed computation of optimal transport." In *Advances in Neural Information Processing Systems 26: The Proceedings of the 2013 Neural Information Processing Systems Conference* (NIPS 2013), pp. 2292–2300, 2013.

[97] I. Gulrajani, F. Ahmed, M. Arjovsky, V. Dumoulin, and A. Courville. "Improved training of Wasserstein GANs." In *Advances in Neural Information Processing Systems 30: The*

Proceedings of the 2017 Neural Information Processing Systems Conference (NIPS 2017), pp. 5767–5777, 2017.

[98] T. Miyato, T. Kataoka, M. Koyama, and Y. Yoshida. "Spectral normalization for generative adversarial networks." arXiv preprint arXiv:1802.05957, 2018.

[99] D. P. Kingma and M. Welling. "Auto-encoding variational Bayes." arXiv preprint arXiv:1312.6114, 2013.

[100] I. Tolstikhin, O. Bousquet, S. Gelly, and B. Schoelkopf. "Wasserstein auto-encoders." arXiv preprint arXiv:1711.01558, 2017.

[101] L. Dinh, D. Krueger, and Y. Bengio. "NICE: Nonlinear independent components estimation." arXiv preprint arXiv:1410.8516, 2014.

[102] L. Wang. "Generative models for physicists." https://wangleiphy.github.io/lectures/PILtutorial.pdf.

[103] S. Dodge and L. Karam. "A study and comparison of human and deep learning recognition performance under visual distortions." In *2017 26th International Conference on Computer Communication and Networks* (ICCCN 2017), pp. 1–7, IEEE, 2017.

[104] S. Barratt and R. Sharma. "A note on the inception score." arXiv preprint arXiv:1801.01973, 2018.

[105] T. Salimans, I. Goodfellow, W. Zaremba, V. Cheung, A. Radford, and X. Chen. "Improved techniques for training GANs." In *Advances in Neural Information Processing Systems 29: The Proceedings of the 2016 Neural Information Processing Systems Conference* (NIPS 2016), pp. 2234–2242, 2016.

[106] M. Heusel, H. Ramsauer, T. Unterthiner, B. Nessler, and S. Hochreiter. "GANs trained by a two time-scale update rule converge to a local Nash equilibrium." arXiv preprint

arXiv:1706.08500.

[107] C. Szegedy, W. Liu, Y. Jia, P. Sermanet, S. Reed, D. Anguelov, D. Erhan, V. Vanhoucke, and A. Rabinovich. "Going deeper with convolutions." In *Proceedings of the 2015 IEEE Conference on Computer Vision and Pattern Recognition* (CVPR 2015), pp. 1–9, 2015.

[108] A. Coates, A. Ng, and H. Lee. "An analysis of single-layer networks in unsupervised feature learning." In *Proceedings of the Fourteenth International Conference on Artificial Intelligence and Statistics* (PMLR 2011), pp. 215–223, 2011.

[109] T. Miyato and M. Koyama. "cGANs with projection discriminator." arXiv preprint arXiv:1802.05637, 2018.

[110] A. Brock, J. Donahue, and K. Simonyan. "Large scale GAN training for high fidelity natural image synthesis." arXiv preprint arXiv:1809.11096, 2018.

[111] 人工知能学会（監修），神嶌敏弘（編）.『深層学習』. 近代科学社, 2015.

[112] J. Liu, Y. Qi, Z. Y. Meng, and L. Fu. "Self-learning Monte Carlo method." *Physical Review B* **95**, 041101, 2017.

[113] 小國健二.『応用例で学ぶ逆問題と計測』. オーム社, 2011.

[114] 山本昌宏.『制御する 2　逆問題入門』. 岩波講座 物理の世界. 岩波書店, 2002.

[115] 上村豊.『逆問題の考え方――結果から原因を探る数学』. ブルーバックス. 講談社, 2014.

[116] J. Otsuki, M. Ohzeki, H. Shinaoka and K. Yoshimi. "Sparse modeling approach to analytical countinuation of imaginary-time quantum Monte Carlo data." *Physical Review E* **95**, 061302(R), 2017.

[117] K. Akiyama et al. (Event Horizon Telescope Collaboration). "First M87 Event Horizon Telescope results. IV. Imaging the

central supermassive black hole." *The Astrophysical Journal Letters* **875**, L4, 2019.

[118] 大槻純也，大関真之，品岡寛，吉見一慶.「最大エントロピー法でいいの？——スパースモデリングの量子多体論への応用」.『固体物理』**53**, 173–188, 2018.

[119] J. Carrasquilla and R. G. Melko. "Machine learning phases of matter." *Nature Physics* **13**, 431–434, 2017.

[120] A. Tanaka and A. Tomiya. "Detection of phase transition via convolutional neural networks." *Journal of the Physical Society of Japan* **86**, 063001, 2017.

[121] K. Kashiwa, Y. Kikuchi, and A. Tomiya. "Phase transition encoded in neural network." arXiv preprint arXiv:1812.01522, 2018.

[122] S. Arai, M. Ohzeki and K. Tanaka. Deep neural network detects quantum phase transition. *Journal of the Physical Society of Japan* **87**, 033001, 2018.

[123] 青木健一，藤田達大，小林玉青.「深層学習は統計系の温度推定から何を学ぶのか」.『人工知能学会誌』，**33**, 420–428, 2018.

[124] R. K. Srivastava, K. Greff, and J. Schmidhuber. "Highway networks." arXiv preprint arXiv:1505.00387, 2015.

[125] E. Weinan. "A proposal on machine learning via dynamical systems." *Communications in Mathematics and Statistics* **5**, 1–11, 2017.

[126] H. D. I. Abarbanel, P. J. Rozdeba, and S. Shirman. "Machine learning: Deepest learning as statistical data assimilation problems." *Neural Computation* **30**, 2025–2055, 2018.

[127] A. N. Gomez, M. Ren, R. Urtasun, and R. B. Grosse. "The reversible residual network: Backpropagation without storing activations." In *Advances in Neural Information Processing Systems 30: The Proceedings of the 2017 Neural Information*

Processing Systems Conference (NIPS 2017), pp. 2214–2224, 2017.

[128] E. Haber and L. Ruthotto. "Stable architectures for deep neural networks." *Inverse Problems* **34**, 014004, 2017.

[129] B. Chang, L. Meng, E. Haber, L. Ruthotto, D. Begert, and E. Holtham. "Reversible architectures for arbitrarily deep residual neural networks." arXiv preprint arXiv:1709.03698, 2017.

[130] T. Q. Chen, Y. Rubanova, J. Bettencourt, and D. Duvenaud. "Neural ordinary differential equations." arXiv preprint arXiv:1806.07366, 2018.

[131] K. Hashimoto, S. Sugishita, A. Tanaka, and A. Tomiya. "Deep learning and the AdS/CFT correspondence." *Physical Review D* **98**, 046019, 2018.

[132] H. W. Lin, M. Tegmark, and D. Rolnick. "Why does deep and cheap learning work so well?" *Journal of Statistical Physics* **168**, 1223–1247, 2017.

[133] J. J. Hopfield. "Neural networks and physical systems with emergent collective computational abilities." *Proceedings of The National Academy of Sciences* **79**, 2554–2558, 1982.

[134] S.-I. Amari. "Characteristics of random nets of analog neuron-like elements." *IEEE Transactions on Systems, Man, and Cybernetics* **5**, 643–657, 1972.

[135] G. Carleo and Matthias Troyer. "Solving the quantum many-body problem with artificial neural networks." *Science* **355**, 602–606, 2017.

[136] J. Chen, S. Cheng, H. Xie, L. Wang, and T. Xiang. "Equivalence of restricted Boltzmann machines and tensor network states." *Physical Review B* **97**, 085104, 2018.

[137] X. Gao and L.-M. Duan. "Efficient representation of quantum

many-body states with deep neural networks." *Nature Communications* **8**, 662, 2017.

[138] Y. Huang and J. E. Moore. "Neural network representation of tensor network and chiral states." arXiv preprint arXiv:1701.06246, 2017.

[139] N. Cohen and A. Shashua. "Convolutional rectifier networks as generalized tensor decompositions." In *Proceedings of the 33rd International Conference on International Conference on Machine Learning* (ICML 2016), pp. 955–963, 2016.

[140] 橋本幸士. 『D ブレーン──超弦理論の高次元物体が描く世界像』. UT Physics. 東京大学出版会, 2006.

[141] K. Hashimoto, S. Sugishita, A. Tanaka, and A. Tomiya. "Deep learning and holographic QCD." *Physical Review D* **98**, 106014, 2018.

[142] Y.-H. He. "Deep-learning the landscape." arXiv preprint arXiv:1706.02714, 2017.

[143] Y.-H. He. "Machine-learning the string landscape." *Physics Letters B* **774**, 564–568, 2017.

[144] J. M. Maldacena. "The large-N limit of superconformal field theories and supergravity." *International Journal of Theoretical Physics* **38**, 1113–1133, 1999 [*Advances in Theoretical and Mathematical Physics* **2**, 231–252, 1998].

[145] S. S. Gubser, I. R. Klebanov, and A. M. Polyakov. "Gauge theory correlators from noncritical string theory." *Physics Letters B* **428**, 105–114, 1998.

[146] E. Witten. "Anti-de Sitter space and holography." *Advances in Theoretical and Mathematical Physics* **2**, 253–291, 1998.

[147] L. Susskind. "The world as a hologram." *Journal of Mathematical Physics* **36**, 6377–6396, 1995.

[148] I. R. Klebanov and E. Witten. "AdS/CFT correspondence and

symmetry breaking." *Nuclear Physics B* **556**, 89–114, 1999.

[149] H. Sakai, Y. Taguchi, and Y. Tokura. "Impact of bicritical fluctuation on magnetocaloric phenomena in perovskite manganites." *Journal of the Physical Society of Japan* **78**, 113708, 2009.

[150] W. Unger. "The chiral phase transition of QCD with 2+1 flavors: A lattice study on Goldstone modes and universal scaling." Ph.D. thesis, der Universität Bielefeld, 2010.

索引

数字・記号

2 値分類 47

\# 8

欧字

AdS/CFT 対応 45, 235

AdS 時空 45

CIFAR-10 22

DCGAN 80

KdV 方程式 97

KL divergence 27

LASSO 187

Learning 27

LSTM 87

MNIST 22, 80

QCD 237, 251

ReLU 56

ResNet 200

RevNet 201

Training 27

universal approximation theorem

. . . . 66

VC 次元 30

χ^2 31

あ行

赤池情報量規準 31

アトラクター 216

イジング模型 . . 114, 129, 131, 189

運動方程式 241

エネルギー 214

エネルギー等分配則 72

オッカムの剃刀 31

重み 66

温度 131, 190

か行

回帰 55

階段関数 66

ガウス分布 43

カオス 99, 183, 202

過学習 29
学習 27
確率的勾配降下法 33
過剰決定系 180
画像認識 79
活性化関数 60
カノニカル分布 72
カルバック・ライブラー距離 . . . 27
カルバック・ライブラー情報量 . 10
記憶 87, 211, 215
機械学習 21
期待値 33, 133
基底状態 224
逆伝播 65
逆問題 174, 232
強化学習 136
共形次元 243
教師信号 22
教師つき学習 46
教師つきデータ 21
教師なし学習 136
教師なしデータ 21
強相関物質 248
強双対性 158
訓練 27
経験確率 24, 28
経験誤差 28
計算完備性 83
結合定数 48, 77
ケット 62, 65, 73

交差エントロピー 52
勾配消失 87
勾配降下法 32
勾配爆発 87
誤差関数 46, 52, 84, 168, 199
誤差逆伝播法 62, 83
コントラスティブ・ダイバージェン
ス法 141, 168
コンパクト化 233

さ行

再帰的ニューラルネットワーク 81, 95
最近接 132
最尤推定 8
残差ニューラルネットワーク . . 200
サンプリング 138
磁化 189
シグモイド関数 50
時系列データ 82
次元の呪い 115
自己学習モンテカルロ法 169
システム決定問題 183
シナプス 215
自由エネルギー 133
周辺確率 37
順伝播 65
条件付き確率 37
詳細釣り合いの原理 120, 142

「情報」	4	畳み込みニューラルネットワーク	75
情報エントロピー	3	多値分類	52
情報量	2	チェッカーボード・アーティファクト	80
神経細胞	211	知性	263
深層化	59	秩序相	191
深層学習	35, 68	秩序パラメータ	191
深層ニューラルネットワーク	59, 61	注意機構	92
スパースモデリング	186	チューリング完全	83, 95
スピン	210	超弦理論	232
スピングラス	210	ティホノフの正則化法	180
制限ボルツマンマシン	140, 224, 227	データ生成確率	26
正則化	178, 180	適切性	179
セル・オートマトン	98	敵対的生成ネットワーク	144
セル・オートマトンの計算可能量	99	天気模型	115
ゼロ和条件	147	テンソル	226
遷移確率	142	テンソルネットワーク	226
遷移行列	116	転置畳み込み	79
線形回帰	56	統計力学	131
層	60, 61	同時確率	36
相対エントロピー	27, 41	特異値分解	181
相転移	191		
創発	245		
ソートアルゴリズム	94		
ソフトマックス関数	53		
ソリトン	98		

な行

並べ替え	94
ニューロン	211
熱浴法	128
熱力学極限	190

た行

畳み込み	75

は行

バイアス................... 66

箱玉系 96

波動関数................... 223

ハミルトニアン .. 47, 76, 126, 131,
　　139, 189, 204, 224

ハミルトン方程式........... 204

汎化.................... 28, 29

汎化誤差.................. 28

反ド・シッター時空...... 45, 235

万能近似定理............... 66

非線形 70

非適切 179

微分方程式............... 198

ヒルベルト空間 222

普遍性定理............... 66

ブラ 62, 65

ブラケット................ 73

フラストレーション........ 215

ブラックホール 241, 245

ブラックホールエントロピー .. 258

分配関数............. 72, 131

分離度 27

平均情報量............... 3

ベイズの定理............... 38

ヘブ則 218

ペロン・フロベニウスの定理 .. 118

ホップフィールド模型 ... 134, 210

ボルツマン定数 72

ボルツマン分布 48

ボルツマンマシン...... 135, 137

ホログラフィー原理........ 235

ホログラフィック QCD..... 237

ま行

マクスウェルの悪魔....... 6, 12

マスター方程式 123

マルコフ連鎖 115, 168

マルコフ連鎖モンテカルロ法 .. 125

ムーア・ペンローズの逆行列 .. 182

メトロポリステスト 128, 169

メトロポリス法 126

モロゾフの食い違い原理 181

ら行

リミットサイクル.......... 220

リャプノフ関数 214

リャプノフ指数 183, 203

量子ビット............... 222

著者紹介

田中章詞（たなかあきのり）　博士（理学）
2014 年　大阪大学大学院理学研究科物理学専攻博士後期課程修了
現　在　理化学研究所特別研究員（革新知能統合研究センター／数理創造プログラム）

富谷昭夫（とみやあきお）　博士（理学）
2014 年　大阪大学大学院理学研究科物理学専攻博士後期課程修了
現　在　理化学研究所基礎科学特別研究員（理研 BNL 研究センター計算物理研究グループ）

橋本幸士（はしもとこうじ）　理学博士
2000 年　京都大学大学院理学研究科博士課程修了
現　在　大阪大学大学院理学研究科教授

NDC007　296p　21cm

ディープラーニングと物理学（ぶつりがく）　原理（げんり）がわかる、応用（おうよう）ができる

2019 年 6 月 20 日　　第 1 刷発行

著　者　田中章詞（たなかあきのり）・富谷昭夫（とみやあきお）・橋本幸士（はしもとこうじ）
発行者　渡瀬昌彦
発行所　株式会社　講談社
　　　　〒 112-8001　東京都文京区音羽 2-12-21
　　　　　販売　(03)5395-4415
　　　　　業務　(03)5395-3615
編　集　株式会社　講談社サイエンティフィク
　　　　代表　矢吹俊吉
　　　　〒 162-0825　東京都新宿区神楽坂 2-14　ノービィビル
　　　　　編集　(03)3235-3701
本文データ制作　藤原印刷　株式会社
カバー・表紙印刷　豊国印刷　株式会社
本文印刷・製本　株式会社　講談社

落丁本・乱丁本は、購入書店名を明記のうえ、講談社業務宛にお送りください。送料小社負担にてお取替えします。なお、この本の内容についてのお問い合わせは、講談社サイエンティフィク宛にお願いいたします。定価はカバーに表示してあります。
ⓒAkinori Tanaka, Akio Tomiya and Koji Hashimoto, 2019
本書のコピー、スキャン、デジタル化等の無断複製は著作権法上での例外を除き禁じられています。本書を代行業者等の第三者に依頼してスキャンやデジタル化することはたとえ個人や家庭内の利用でも著作権法違反です。

JCOPY　〈（社）出版者著作権管理機構　委託出版物〉
複写される場合は、その都度事前に（社）出版者著作権管理機構（電話 03-5244-5088、FAX 03-5244-5089、e-mail: info@jcopy.or.jp）の許諾を得てください。
Printed in Japan

ISBN 978-4-06-516262-0

講談社の自然科学書

機械学習プロフェッショナルシリーズ

トピックモデル　岩田具治／著	本体	2,800 円
オンライン機械学習　海野裕也・岡野原大輔・得居誠也・徳永拓之／著	本体	2,800 円
深層学習　岡谷貴之／著	本体	2,800 円
機械学習のための確率と統計　杉山　将／著	本体	2,400 円
統計的学習理論　金森敬文／著	本体	2,800 円
サポートベクトルマシン　竹内一郎・烏山昌幸／著	本体	2,800 円
確率的最適化　鈴木大慈／著	本体	2,800 円
異常検知と変化検知　井手　剛・杉山　将／著	本体	2,800 円
生命情報処理における機械学習　瀬々　潤・浜田道昭／著	本体	2,800 円
劣モジュラ最適化と機械学習　河原吉伸・永野清仁／著	本体	2,800 円
スパース性に基づく機械学習　冨岡亮太／著	本体	2,800 円
ヒューマンコンピュテーションとクラウドソーシング　鹿島久嗣・小山　聡・馬場雪乃／著	本体	2,400 円
変分ベイズ学習　中島伸一／著	本体	2,800 円
ノンパラメトリックベイズ　佐藤一誠／著	本体	2,800 円
グラフィカルモデル　渡辺有祐／著	本体	2,800 円
バンディット問題の理論とアルゴリズム　本多淳也・中村篤祥／著	本体	2,800 円
データ解析におけるプライバシー保護　佐久間 淳／著	本体	3,000 円
ウェブデータの機械学習　ダヌシカ ボレガラ・岡崎直観・前原貴憲／著	本体	2,800 円
オンライン予測　畑埜晃平・瀧本英二／著	本体	2,800 円
関係データ学習　石黒勝彦・林　浩平／著	本体	2,800 円
機械学習のための連続最適化　金森敬文・鈴木大慈・竹内一郎・佐藤一誠／著	本体	3,200 円
統計的因果探索　清水昌平／著	本体	2,800 円
深層学習による自然言語処理　坪井祐太・海野裕也・鈴木 潤／著	本体	3,000 円
画像認識　原田達也／著	本体	3,000 円
音声認識　篠田浩一／著	本体	2,800 円
ガウス過程と機械学習　持橋大地・大羽成征／著	本体	3,000 円
強化学習　森村哲郎／著	本体	3,000 円
情報メディア論　小泉宣夫・圓岡偉男／著	本体	2,400 円
例にもとづく情報理論入門　大石進一／著	本体	2,136 円

※表示価格は本体価格（税別）です。消費税が別に加算されます。　　「2019 年 6 月現在」

講談社サイエンティフィク　https://www.kspub.co.jp/

講談社の自然科学書

ベイズ推論による機械学習入門　　杉山 将／監修　須山敦志／著	本体	2,800 円
これならわかる深層学習入門　　瀧 雅人／著	本体	3,000 円
Pythonで学ぶ強化学習　入門から実践まで　　久保隆宏／著	本体	2,800 円
イラストで学ぶ ヒューマンインタフェース　　北原義典／著	本体	2,600 円
イラストで学ぶ 情報理論の考え方　　植松友彦／著	本体	2,400 円
イラストで学ぶ 機械学習　　杉山 将／著	本体	2,800 円
イラストで学ぶ 人工知能概論　　谷口忠大／著	本体	2,600 円
イラストで学ぶ 音声認識　　荒木雅弘／著	本体	2,600 円
イラストで学ぶ ロボット工学　　木野 仁／著 谷口忠大／監	本体	2,600 円
イラストで学ぶ ディープラーニング 改訂第2版　　山下隆義／著	本体	2,600 円
GPUプログラミング入門　　伊藤智義／編	本体	2,800 円
POV-Rayで学ぶはじめての3DCG制作　　松下孝太郎／編 山本光ほか／著	本体	2,400 円
OpenCVによる画像処理入門 改訂第2版　　小枝正直・上田悦子・中村恭介／著	本体	2,800 円
OpenCVによるコンピュータビジョン・機械学習入門　　中村恭之・小枝正直・上田悦子／著	本体	3,200 円
ブロックチェーン・プログラミング 仮想通貨入門　　山﨑重一郎・安土茂亨・田中俊太郎／著	本体	3,700 円
はじめてのWebページ作成 HTML・CSS・JavaScriptの基本　　松下孝太郎／編 山本光ほか／著	本体	1,900 円
ProcessingによるCGとメディアアート　　近藤邦雄・田所 淳／編	本体	3,200 円
ArduinoとProcessingではじめるプロトタイピング入門　　青木直史／著	本体	2,300 円
やさしい信号処理　原理から応用まで　　三谷政昭／著	本体	3,400 円
ライブ講義 大学1年生のための数学入門　　奈佐原顕郎／著	本体	2,900 円
微分積分学の史的展開　ライプニッツから高木貞治まで　　高瀬正仁／著	本体	4,500 円
測度・確率・ルベーグ積分　応用への最短コース　　原 啓介／著	本体	2,800 円
線形性・固有値・テンソル 〈線形代数〉応用への最短コース　　原 啓介／著	本体	2,800 円
今度こそわかるガロア理論　　芳沢光雄／著	本体	2,900 円
できる研究者の論文生産術 どうすれば「たくさん」書けるのか　　ポール・J・シルヴィア／著 高橋さきの／訳	本体	1,800 円
できる研究者の論文作成メソッド 書き上げるための実践ポイント　　ポール・J・シルヴィア／著 高橋さきの／訳	本体	2,000 円
英語論文ライティング教本　　中山裕木子／著	本体	3,500 円
科学者のための英文手紙・メール文例集 CD-ROM付き　　阪口玄二・逢坂 昭／著	価格	3,500 円
PowerPointによる理系学生・研究者のためのビジュアルデザイン入門　　田中佐代子／著	本体	2,200 円
学振申請書の書き方とコツ　　大上雅史／著	本体	2,500 円

※表示価格は本体価格（税別）です。消費税が別に加算されます。 　　　「2019 年 6 月現在」

講談社サイエンティフィク　https://www.kspub.co.jp/

講談社の自然科学書

講談社基礎物理学シリーズ（全12巻）　シリーズ編集委員／二宮正夫・北原和夫・並木雅俊・杉山忠男

0. 大学生のための物理入門　並木雅俊／著	本体	2,500 円
1. 力学　副島雄児・杉山忠男／著	本体	2,500 円
2. 振動・波動　長谷川修司／著	本体	2,600 円
3. 熱力学　菊川芳夫／著	本体	2,500 円
4. 電磁気学　横山順一／著	本体	2,800 円
5. 解析力学　伊藤克司／著	本体	2,500 円
6. 量子力学 I　原田　勲・杉山忠男／著	本体	2,500 円
7. 量子力学 II　二宮正夫・杉野文彦・杉山忠男／著	本体	2,800 円
8. 統計力学　北原和夫・杉山忠男／著	本体	2,800 円
9. 相対性理論　杉山　直／著	本体	2,700 円
10. 物理のための数学入門　二宮正夫・並木雅俊・杉山忠男／著	本体	2,800 円
11. 現代物理学の世界　二宮正夫／編	本体	2,500 円
超ひも理論をパパに習ってみた　橋本幸士／著	本体	1,500 円
「宇宙のすべてを支配する数式」をパパに習ってみた　橋本幸士／著	本体	1,500 円
「ファインマン物理学」を読む　量子力学と相対性理論を中心として　竹内　薫／著	本体	2,000 円
「ファインマン物理学」を読む　電磁気学を中心として　竹内　薫／著	本体	2,000 円
「ファインマン物理学」を読む　力学と熱力学を中心として　竹内　薫／著	本体	2,000 円
古典場から量子場への道　増補第2版　高橋　康・表　實／著	本体	3,200 円
量子力学を学ぶための解析力学入門　増補第2版　高橋　康／著	本体	2,200 円
量子場を学ぶための場の解析力学入門　増補第2版　高橋　康・柏　太郎／著	本体	2,700 円
量子力学 I　猪木慶治・川合　光／著	本体	4,660 円
量子力学 II　猪木慶治・川合　光／著	本体	4,660 円
基礎量子力学　猪木慶治・川合　光／著	本体	3,500 円
ひとりで学べる一般相対性理論　唐木田健一／著	本体	3,200 円
明解 量子重力理論入門　吉田伸夫／著	本体	3,000 円
明解 量子宇宙論入門　吉田伸夫／著	本体	3,800 円
完全独習 現代の宇宙物理学　福江　純／著	本体	4,200 円
完全独習 相対性理論　吉田伸夫／著	本体	3,600 円
初歩から学ぶ固体物理学　矢口裕之／著	本体	3,600 円

※表示価格は本体価格（税別）です。消費税が別に加算されます。　　「2019 年 6 月現在」

講談社サイエンティフィク　https://www.kspub.co.jp/